茶韵品鉴

本书编写组 编

姚国坤 总主编

大连海事大学出版社

图书在版编目(CIP)数据

茶韵品鉴 /《茶韵品鉴》编写组编. — 大连 : 大连海事大学出版社, 2018. 4
(中华茶文化系列丛书 / 姚国坤总主编)
ISBN 978-7-5632-3638-1

Ⅰ. ①茶…　Ⅱ. ①茶…　Ⅲ. ①茶叶-品鉴-中国
Ⅳ. ①TS272.5

中国版本图书馆CIP数据核字(2018)第075184号

大连海事大学出版社出版

地址:大连市凌海路1号　邮编:116026　电话:0411-84728394　传真:0411-84727996
http://www.dmupress.com　E-mail:cbs@dmupress.com

大连住友彩色印刷有限公司印装　　大连海事大学出版社发行

2018年4月第1版　　2018年4月第1次印刷
幅面尺寸:165 mm × 235 mm　　印数:1 ~ 10000册
印张:9.75　　字数:100千

出 版 人:徐华东　　策　　划:徐华东
责任编辑:陈青丽　　责任校对:高　颖
封面设计:解瑶瑶　　版式设计:孟　冀　解瑶瑶

ISBN 978-7-5632-3638-1　　定价:35.00元

中华茶文化系列丛书

编 委 会

前　言

茶为国饮，千百年来，无论时代如何更迭、社会怎样变迁，它始终伴随并滋养着人们，已经成为人们生活中不可或缺的一部分。

中国素有“礼仪之邦”之称谓，茶文化的精神内涵即是通过沏茶、赏茶、闻茶、饮茶、品茶等习惯与中国的文化内涵和礼仪相结合。客来敬茶、以茶敬老是中华民族的传统美德；以茶联谊、以茶会友，是人际交往、增进友谊的良好途径；品茗悟道、欣赏茶艺，还能修身养性，带给人美的享受。随着茶文化的宣传与普及，科学饮茶、健康饮茶和文明饮茶正日益成为人们健康生活方式的重要内容。对于中国人来说，茶既是物质产品，又是精神产品。

我国的茶叶、茶学现已发展到了一个崭新的阶段，无论是茶叶品种之多，采制之精，生产、管理以及茶的利用开发之科学，还是茶文化内容之丰富，都是前人所无法比拟的。尤其是进入21世纪之后，中国茶的第一、二、三产业呈现出比翼齐飞、蓬勃发展的良好态势。

习近平总书记也曾在致首届中国国际茶叶博览会的贺信中指出，中国是茶的故乡。茶叶深深融入中国人的生活，成为传承中华文化的重要载体。从古代的丝绸之路、茶马古道、茶船古道，到今天的丝绸之路经济带、21世纪海上丝绸之路，茶穿越历史、跨越国界，深受世界各国人民喜爱。

为了更好地传承与弘扬数千年的中华茶文化，使茶与文化更加有机地融合，我社以《中国茶叶大辞典》《茶经》等权威图书为依据，组织编写了“中华茶文化系列丛书”，包括：《茶韵品鉴》《茶韵雅器》《茶韵故事》《茶韵诗情》《茶韵丝路》。

《茶韵品鉴》介绍了茶的类别，详细阐述了常见的七类茶，包括它们的品质、制作、冲泡方法、选购方法、名贵品种等；《茶韵雅器》完美地诠释了茶与器之间相互依托的关系，书中的小贴士、小故事更能让读者在趣味中认识茶具、了解茶具；《茶韵故事》按照时间的顺序，叙述了茶的起源及历代茶史，包括《茶经》等书籍以及与茶有关的名人轶事；《茶韵诗情》让读者在诗情画意中领略到茶对人类文明进步所做的贡献；《茶韵丝路》让读者感受到茶文化对中国乃至整个世界的影响。

本册为《茶韵品鉴》，主要介绍我国传统的六大茶类——绿茶、红茶、黄茶、黑茶、乌龙茶、白茶，外加深受我国女性喜爱的花草茶的茶品类别、制作工艺、鉴别选购、保存方法及品茗享受。本书还介绍了备受世人瞩目的我国十大名茶的生长环境、品质鉴别和品茗指南等知识，充分展示了中国茶品类之盛，中国茶文化底蕴之深厚。

本套丛书的主要特点是站在全面、综合、理论化的视角上来对茶的历史、文化以及相关的知识、常识做出系统的阐释，也保证了丛书的原创水准和专业程度；运用现代手法解读，插图形象直观，图解简洁漂亮、通俗易懂，让读者快速了解茶文化的全貌以及正确含义。同时，每本书中都附有二维码，扫描二维码，可以观看由天福茗茶摄制的专题小视频，动态补充书中内容，让读者身临其境，体会博大精深的中华茶文化。

姚国坤先生担任本套丛书的总主编及编委会主任，负责丛书的统稿和审读工作。徐华东先生及李英健先生担任编委会副主任，负责丛书的策划及分册内容的设定。孟冀等人担任编委会委员，负责丛书的数字化内容的加工工作。

本套丛书在编写过程中参考了大量同类书籍，编者在此对相关作者深表感谢。另外，特别鸣谢天福茗茶大连分公司对本套丛书的支持和配合，为本套丛书提供了相关的数字内容。

由于时间仓促、水平所限，疏漏之处在所难免，敬请广大读者指正。

编　者

2018年4月

目　录

茶中君子——绿茶

在闲暇时光里

饮一杯清茶

共清风与明月

或斑驳的日光

茶香氤氲里

风光如画

“绿”林漫步

绿茶是未经发酵的茶,作为中国的主要茶叶种类之一，是人们饮用最为广泛的一种茶。其干茶色泽和冲泡后的茶汤、叶底以绿色为主调，故名绿茶。绿茶的生产范围极广，云南、浙江、贵州、山东、河南、江西、安徽、江苏、四川、陕西（南部）、湖南、湖北、福建为我国的绿茶主产省份。我国的十大名茶中的西湖龙井、洞庭碧螺春、黄山毛峰、信阳毛尖、六安瓜片、庐山云雾等众多名茶都属于绿茶类。

康献伟 摄

绿茶是未经发酵制成的茶，保留了鲜叶的天然物质，含有的茶多酚、儿茶素、叶绿素、咖啡因、氨基酸、维生素等营养成分比较多。绿茶中的这些天然营养成分对防衰老、防癌、抗癌、杀菌、消炎等具有特殊效果。

绿茶类别

绿茶是最受广大茶友喜爱的茶类之一，其制作工序大致分为杀青、揉捻、干燥等步骤。绿茶按其杀青和干燥方法的不同，可分为炒青、烘青、晒青和蒸青绿茶。

炒青绿茶

炒青绿茶因绿茶的干燥方式采用炒干而得名，按外形可分为长炒青、圆炒青、扁炒青和特种炒青四类。炒青绿茶的品质特征是：条索紧结光润，汤色、叶底碧绿，香气鲜锐，滋味浓厚而富有收敛性，耐冲泡。炒青绿茶的主要品种有眉茶、珠茶、西湖龙井、老竹大方、碧螺春、蒙顶甘露、都匀毛尖、信阳毛尖、午子仙毫等。

赵静　摄

长炒青

长炒青形似眉毛，又称为眉茶。主要有珍眉、贡熙、雨茶、针眉、秀眉等。

圆炒青

圆炒青外形颗粒圆紧，又称为珠茶。因产地和采制方法不同，又分为平炒青、泉岗辉白和涌溪火青等。

扁炒青

扁炒青成品扁平光滑、香鲜味醇。因产地和制法不同，主要包括龙井、旗枪、大方等。

特种炒青

特种炒青外形各异，千姿百态。冲泡后，芽叶成朵，清汤绿叶，香气馥郁，滋味鲜醇，浓而不苦，回味甘甜，是炒青绿茶中的珍品。品种主要有碧螺春、雨花茶、庐山云雾、信阳毛尖等。

烘青绿茶

在制绿茶的干燥过程中直接烘干的茶叶被称为烘青或烘青绿茶。烘青绿茶外形不如炒青绿茶光滑紧结，其外形完整稍弯曲、锋苗显露、干色墨绿、香清味醇、汤色叶底黄绿明亮。烘青绿茶可分为普通烘青和特种烘青两类。

普通烘青

普通烘青茶一般不直接饮用，通常只用来作窨制花茶的茶坯。没有窨花的烘青称为“素茶”或“素坯”。主要品种有闽烘青、湘烘青和川烘青等。

特种烘青

特种烘青茶一般都是采摘细嫩芽叶精工细制而成的绿茶，是绿茶中的名品。主要有黄山毛峰、太平猴魁、六安瓜片、敬亭绿雪、天山绿茶、峨眉毛峰、金水翠峰、峡州碧峰、南糯白毫等。

● 晒青绿茶

晒青绿茶又称晒青毛茶，是指鲜叶经过锅炒杀青、揉捻以后，利用日光晒干的绿茶。由于太阳晒的温度较低、时间较长，使用这个方法制出的茶叶较多地保留了鲜叶的天然物质，滋味浓重，且带有一股日晒特有的味道，喜欢的茶人谓之“浓浓的太阳味”。晒青绿茶除少量供内销和出口外，主要作为沱茶、紧茶、饼茶、方茶、康砖、茯砖等紧压茶的原料。晒青绿茶的产地主要分布在湖南、湖北、广东、四川等省，云南、贵州等省也有少量晒青绿茶生产。其中以云南大叶种的滇青品质最好；其他如川青、黔青、桂青、鄂青等品种的品质各有千秋，但不及滇青。晒青绿茶外形粗大，色泽深绿且油润，香气高，汤色黄绿明亮，滋味浓且醇，收敛性强。

● 蒸青绿茶

以蒸汽杀青是我国古代的杀青方法，也是中国绿茶最早的制法。这种方法唐代时传至日本，相沿至今；而我国则自明代起即改为锅炒杀青。蒸青是利用蒸汽来破坏鲜叶中酶的活性，形成了成品茶叶干茶色泽深绿、茶汤浅绿和茶底青绿的“三绿”的品质特征的，但蒸青绿茶的香气较闷，带青气，涩味也较重，不及锅炒杀青绿茶那样鲜爽。由于对外贸易的需要，我国从20世纪80年代中期以来，也生产少量蒸青绿茶，主要品种有恩施玉露、仙人掌茶、阳羡茶等。

老年人不宜饮生茶

生茶是新鲜的茶叶采摘后经杀青、揉捻、毛茶干燥，以自然的方式陈放，未经过渥堆发酵处理的茶。有生散茶和紧压生茶之分。这种茶的外形自然翠绿，内含成分与鲜叶所含的化合物基本相同，低沸点的醛醇化合物转化与挥发不多，香味带严重的生青气。这种茶对人体的胃黏膜有很强的刺激性，饮后易导致饮用者胃部不适，即通常所说的“刮胃”。身体机能下降的老年人饮用这种茶，易产生胃痛。误购买了这种生茶，最好不要直接泡饮，可放在无油腻的铁锅中，用文火慢慢地炒，炒去生青气，待产生轻度栗香后即可饮用。

付兰英　摄

制作工艺

绿茶的加工，简单分为杀青、揉捻和干燥三个步骤，其中关键在于初制的第一道工序，即杀青。通过杀青，鲜叶中所含酶的活性钝化，内含的各种化学成分，基本上是在没有酶影响的条件下，由热力作用进行物理化学变化，从而形成了绿茶的品质特征。

杀青

杀青是绿茶加工中的关键工序。杀青工序是通过高温，破坏鲜叶中酶的活性，制止鲜叶中多酚类物质氧化，以防止叶子变红；同时蒸发叶内部分水分，使叶子变软，为揉捻造形创造条件；随着水分的蒸发，鲜叶中有青草气的低沸点芳香物质挥发消失，从而使茶叶香气得到改善，进而达到保持茶叶色泽和风味的效果。在杀青过程中应注意温度，若锅温过低，叶温升高时间过长，会使茶多酚发生酶促反应，产生“红梗红叶”；相反，如果温度过高，叶绿素破坏较多，导致叶色泛黄，有的甚至产生焦边、斑点，降低绿茶品质。杀青适度的特征是手握时，叶质柔软略带黏性，紧握成团，稍有弹性，嫩茎折而不断，老叶熟而不焦。叶片表面失去光泽，略有清香，鲜叶失重30%~40%，达到熟、透、匀的要求。鲜叶杀青完毕，要马上摊凉，最好用风扇吹凉，使其迅速散发水分，降低叶温，防止叶色变黄和产生水闷味。

现代的绿茶加工制作，除特种茶外，一般在杀青机中进行。由于杀青机种类不同，其杀青效果不一样，因此制茶品质也不尽相同。杀青机械主要有锅式、滚筒式、蒸汽式等三大类。影响杀青质量的因素有杀青温度、投叶量、杀青机种类、时间、杀青方式。

锅式杀青机杀青

锅式杀青机的基本结构由炒叶锅、炒叶腔、炒手装置、传动机械和炉肚部分组成。锅式杀青机的特点是结构简单，操作简便，出叶快，杀青效果良好，而且价格较低；但不能连续作业，易焦边叶，出叶不干净，在出叶时需要人员操作。用锅式杀青机杀青应掌握“抖焖结合，多抖少焖”的原则。抖杀使叶子扬高，以利于水分散发，防止叶色变黄。焖杀加盖不扬叶，使蒸汽在叶内做短时间的停留，避免“红梗红叶”的产生。一般锅式杀青机杀青时间为5~10分钟。杀青时间的长短与锅温和投叶量有关，操作中要掌握“嫩叶老杀，老叶嫩杀”的原则。

付兰英 摄

滚筒式杀青机杀青

滚筒式杀青机基本结构由筒体、炉腔、机架和传动机构组成，多为机灶一体。滚筒式杀青机作为一种传统应用的机型，杀青质量较好，价格低廉，操作方便，有各种规格的机型可供选用，在各类大宗绿茶和名优绿茶加工中被广泛应用，是目前生产中使用的主体类型，直至目前尚没有一种杀青机可以替代。

蒸汽式杀青机杀青

蒸汽式杀青机是一种应用常压100 ℃蒸汽杀青原理的杀青机，它由网带、蒸汽发生器、机架和传动机械等部件组成。蒸汽杀青是使杀青叶直接与蒸汽接触，蒸汽对鲜叶穿透力强，因而叶温升高快，在半分钟内完成杀青工序。蒸汽杀青所获得的绿茶产品芽叶完整，色泽翠绿，汤色绿亮，香气独特，不仅完全避免了传统绿茶制法所造成的烟焦味，而且在很大程度上可消除夏秋茶的苦涩。蒸汽杀青的不足之处是其杀青叶的含水量比锅式及滚筒式杀青的要高些，不利于后续的揉捻工序。

除了以上三种常见的杀青机具外，还有蒸汽热风混合式杀青机、热风杀青机、微波杀青机。

揉捻

揉捻是绿茶塑造外形的一道工序。用外力揉捻杀青叶，使叶片揉破变轻，卷转成条，体积缩小，且便于冲泡。同时部分茶汁挤溢附着在叶表面，对提高茶滋味浓度也有重要作用。制绿茶的揉捻工序有冷揉与热揉之分。所谓冷揉，即杀青叶

付兰英　摄

经过摊凉后揉捻；热揉，则是杀青叶不经摊凉而趁热进行的揉捻。嫩叶宜冷揉，以保持黄绿明亮之汤色于嫩绿的叶底；老叶宜热揉，以利于条索紧结，减少碎末。在绿茶加工中，除少数名优绿茶外，揉捻一般是不可缺少的工序。

揉捻的技术要点是“老叶热揉，嫩叶冷揉”。加压掌握“轻、重、轻”。现在，除名品绿茶仍用手工揉捻外，大宗绿茶的揉捻作业已实现机械化。

干燥

干燥是绿茶初制加工的最后一道工序。干燥方法有烘干、炒干和晒干三种方式。干燥的目的：一是进一步去除茶叶中的水分，使成茶的含水率达到标准要求，以便贮存。二是固定外形、色泽，发展香气和滋味，形成绿茶特有的色、香、味、形等品质特征。干燥的技术要点是分次干燥，干燥与摊凉相交替。一般至少分两次干燥，也有的分为三次、四次，甚至五次干燥。干燥的温度一般是先高后低。

绿茶的干燥工序一般先经过烘干，然后再进行炒干。因揉捻后的茶叶的含水量仍很高，如果直接炒干，会很快在炒干机的锅内结成团块，茶汁易黏结锅壁。因此，茶叶先进行烘干，使含水量降低至符合锅炒的要求。

鉴别选购

市场上绿茶质量参差不齐，但想要品到好的绿茶其实并不难。一般来说，鉴定绿茶时只要学会观外形、闻气味、看汤色、品滋味、观叶底这五点即可。

观外形

绿茶的形状是因茶而异的。像眉茶以条索紧细，形如鱼钩者为上，弯曲部位在1/3为宜，上尖下钝身骨重，下盘少条索均匀，清洁而无夹杂及老叶梗片者为上。龙井则以扁而直，尖端不弯曲，身骨细嫩者为上，颜色以翠绿色为上。毛峰则以细长而尖端弯曲者为上，颜色则以墨绿而略带褐色者为上。

李秀玲　摄

总之色泽深而鲜，润而均匀的为上；暗而枯浅且不均匀，甚至有不正色，变色起泡、有斑点的均为劣品。

闻气味

闻气味主要通过气味的高低、清浊、纯和、锐钝及有无青草气与烟臭酸气等来鉴别绿茶。绿茶的气味也会随着产地和种类而异。如龙井特别清香，毛峰、大方特具栗香，瓜片香而纯和，玉露特具馥香。总之，绿茶香气以高而清、纯而锐为上；香气低而浊、钝而杂或有青草、烟臭、酸霉等气味者均为劣品。

看汤色

看汤色一般是观察茶水的浓淡、清浊、鲜暗及有无游离物与沉淀物等。无论何种绿茶，均以汤色碧绿清澈、鲜明，且汤色浓厚者为上；黄浊淡暗或有游离、沉淀物者，均非良品。鉴定汤色时，须不时将茶杯略微倾斜，注意其有无游离物及沉淀物等。

品滋味

绿茶的滋味也是随产地和种类而异。大致言之，均以甜和而清，浓而醇厚者为上。滋味淡薄及苦涩而富刺激性者均非上品。有些绿茶虽微带苦涩但亦须先苦而后甘方佳。

观叶底

叶底的高下在于色泽鲜暗，匀净，叶芽粗嫩，卷缩或展开，及有无破裂、枯焦、青片、黑片、假叶、陈叶，及古铜色、败紫色、黄褐色等不正颜色。总之任何绿茶，叶底均以碧绿色，叶芽细嫩匀净，色泽鲜明为上。叶底色暗呆滞，老嫩不一，破裂，卷缩，涩而无茸毛，或掺杂青片、黑片，或有不正色，枯而不润有起泡者，均为劣品。

付兰英 摄

保存方法

对绿茶来说，越新鲜则滋味越好。所以，为了能让它们鲜活的口感保持的时间更长些，绿茶的保存方法就显得尤为重要。根据保存量的不同，绿茶的保存方法主要分为专业及家庭两类。需要专业保存方法的主要是茶商，家庭主要是涉及少量绿茶的保存。专业保存方法有石灰块保存法、碳贮法、冷藏法三种，其中冷藏法是目前科技水平条件下最佳的茶叶保存法，保存量大、时间久。

李秀玲　摄

绿茶的家庭保存方法一般有以下五种：

瓦罐储藏法

此法古代就有。明人冯梦祯《快雪堂漫录》云："实茶大瓮，底置箬，封固倒放，则过夏不黄，以其气不外泄也。"用此法储藏绿茶，茶叶含水量不能超过6%。可用生石灰除湿。

罐藏法

王爱娟 摄

容器选用装糕点或者其他食品的金属听、箱、罐、盒，或铁或铝或纸或纸品，或方或圆或扁或不规则形。重要的是茶要干燥，袋口封好。此法简便，茶叶取用方便。

塑料袋储藏法

此法选用密度高、厚实、强度好、无异味的食品包装袋。茶叶可以事先用较柔软的净纸包好，然后置于食品袋内，封口即成。

热水瓶储藏法

可用保温效果良好的热水瓶，内充干燥的绿茶，盖好瓶塞，用蜡封口。

冰箱储藏法

绿茶装入密度高、厚实、强度好、无异味的食品包装袋，然后置于冰箱冷冻室或者冷藏室。用此法保存茶叶时间长、效果好，但袋口一定要封严实，否则会回潮或者串味，反而有损绿茶茶叶的品质。

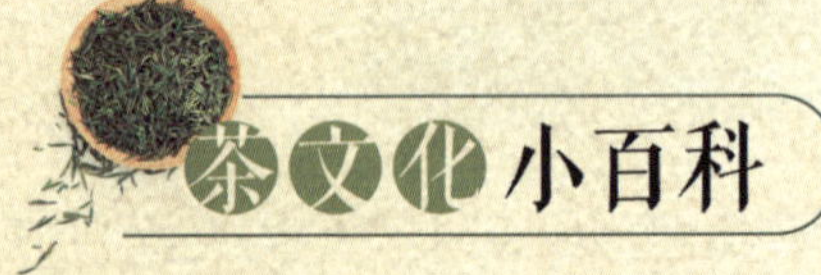

绿茶为什么旧不如新?

有实验表明，在常温光照储存条件下，绿茶中的叶绿素会很快被分解而色泽泛黄；氨基酸会被降解，让茶叶鲜味尽失；本来与味道相安无事的脂肪也会降解成小份的散发怪味的醇、醛、酸，让茶叶的滋味大打折扣。因此，对绿茶来说，越新鲜则滋味越好。所以，把新采下的绿茶请进低温、避光且隔绝氧气的小环境中，能让它们鲜活的口感保持的时间更长些。

康献伟　摄

品味佳茗

选择茶具

饮用绿茶，通常用透明度好的玻璃杯、瓷杯或茶碗冲泡。使用白瓷杯或瓷碗，便于衬托碧绿的茶叶和茶汤。

水质

泡绿茶的水质要好。通常选用洁净的优质矿泉水，也可以用经过净化处理的自来水。水的酸碱度为中性或微酸性，切勿用碱性水，以免茶汤颜色深暗。

水温

煮水初沸即可，这样泡出的茶水鲜爽度较好。沏茶的水温以在90 ℃左右最为适宜。因为优质绿茶的叶绿素在过高的温度下易被破坏变黄，同时茶叶中的茶多酚类物质也会在高温下氧化而使茶汤变黄，很多芳香物质在高温下也很快挥发散失，使茶汤失去香味。

投茶量

通常茶与水比为1：50～1：60（即1克茶叶用水50~60克）为宜，这样冲泡出来的茶汤浓淡适中、口感鲜醇。手持水壶往茶杯中

陈青丽 摄

注水，采用“凤凰三点头”的手势，使注入的热水冲动茶叶上下浮动，茶汁也易泡出。另外在冲泡时常先注入少量热水，使茶叶浸润一下，稍后再注水至杯沿1～2厘米即可。绿茶中的多数有效成分在第一次冲泡后浸出量最大，经三次冲泡后基本达到全量浸出。因此绿茶一般以冲泡三次为宜。非常细嫩的高级绿茶一般冲泡两次即可。

注意事项

不要让绿茶久泡，沏泡后马上把茶汤从沏泡茶具中倒入喝茶用的茶杯，以保留茶味。冲泡绿茶时宜茶少水多，以降低刺激性。特别是隔夜茶勿饮。

绿茶为何被称为“茶中君子”?

绿茶具有“三绿”的特点：干茶绿，茶汤绿，冲泡后的叶底也是绿色的，且品饮绿茶，其色泽淡雅，口味微苦，淡淡的香味绵延。因为绿茶的这种品性极为符合古人对于谦谦君子的定义，所以绿茶历来为文人们所推崇，被誉为“茶中君子”。

金镶玉——黄茶

人生世间

不分高低与贵贱

均可手捧一杯香茗

看庭前花开花落

赏天上云卷云舒

黄茶漫谈

黄茶属轻发酵茶类，加工工艺类似绿茶，只是在干燥过程的前或后，增加一道“闷黄”的工艺，促使其多酚、叶绿素等物质部分氧化。黄茶的品质特点是“黄叶黄汤”。湖南岳阳为中国黄茶之乡。

黄茶富含氨基酸、茶多酚、可溶糖、维生素等丰富营养物质，对防治食道癌有明显功效。黄茶鲜叶中天然物质保留85%以上，而这些物质对防癌、抗癌、杀菌、消炎均有特殊效果。黄茶还具有消除疲劳、提神醒脑、消食化滞等功效。黄茶是沤茶，沤的过程中会产生大量的消化酶。消化酶有益脾胃，有利于解决消化不良、食欲不振、身材肥胖等问题。

康献伟　摄

黄茶类别

黄茶有芽茶与叶茶之分。按其鲜叶的嫩度和芽叶大小，黄茶分为黄芽茶、黄小茶和黄大茶三类。黄茶对新梢芽叶有不同要求：除黄大茶要求一芽四五叶新梢外，其余的黄茶都要求芽叶细嫩、新鲜、匀齐、纯净。

黄芽茶

黄芽茶原料细嫩，采摘单芽或一芽一叶加工而成。著名品种有：湖南岳阳洞庭湖君山的君山银针、安徽霍山的霍山黄芽等和四川省雅安名山区的蒙顶黄芽。

君山银针

君山银针为黄芽茶之极品，其成品茶的外形茁壮挺直，重实匀齐，银毫披露，芽身金黄光亮，内质毫香鲜嫩，被誉为“金镶玉”。君山银针汤色杏黄明净，滋味甘醇鲜爽，香气清雅。若以玻璃杯冲泡，可见芽尖冲上水面，悬空竖立，下沉时如雪花下坠，沉入杯底，状似鲜笋出土，又如刀剑林立。再冲泡再竖起，能够三起三落。在国内和国际市场上，君山银针都久负盛名，身价千金。

霍山黄芽

霍山黄芽亦属黄芽茶的珍品，产于安徽省大别山区的霍山县。霍山黄芽历史悠久。霍山从唐代起，其所产黄芽即为名茶极品，明清时更被列为宫廷贡品。对此《唐国史补》《二如亭群芳谱》等均有记载。霍山黄芽形如雀舌，茶色嫩黄，香气如栗香，汤色黄绿清明，茶味醇厚有回甘，叶底黄亮嫩匀厚实。

蒙顶黄芽

蒙顶黄芽产于四川省雅安名山区蒙山。蒙山产茶的历史十分悠久，蒙顶黄芽茶自唐至明清，都是有名的贡茶。有不少茶馆、茶庄悬挂“扬子江中水，蒙顶山上茶”的对联，可见蒙顶黄芽茶影响之深远。蒙顶黄芽茶形扁直，芽毫毕露，色泽微黄，甜香浓郁，汤色黄亮，叶底嫩黄匀亮。

付兰英　摄

黄小茶

黄小茶由采摘的细嫩芽叶加工而成，著名品种有：湖南岳阳的北港毛尖，湖南宁乡的沩山白毛尖，湖北远安的远安鹿苑和浙江温州、平阳一带的平阳黄汤。

北港毛尖

岳阳自古以来就为游览胜地，其地生产的北港毛尖在唐代就很有名气。北港发源于梅溪，全长两千余米，因位于南港之北而得名。岳阳市康王乡北港湖一带是现今的北港毛尖产地。北港毛尖一般在清明后5~6天开采，鲜叶标准为一芽二三叶，选晴天采摘，不采虫伤叶、紫色叶、鱼叶，不带蒂嫩度分特号、1~4号五个档次。

沩山白毛尖

沩山白毛尖产于湖南省宁乡市西部的大沩山。沩山白毛尖的制作分杀青、闷黄、轻揉、烘焙、拣剔、熏烟六道工序。烟气为一般茶叶所忌，更不必说是名优茶，但悦鼻的烟香却是沩山白毛尖品质的特点。沩山白毛尖的品质特点：外形叶缘微卷呈块状；色泽黄亮油润，白毫显露；汤色橙黄明亮；松烟香芬芳浓厚；滋味醇甜爽口；叶底黄亮嫩匀。沩山白毛尖颇受边疆人民喜爱，被视为礼茶之珍品。

远安鹿苑

远安鹿苑是黄小茶的一种，产于湖北省远安县鹿苑寺一带，以揉捻后久堆闷黄的方式制作。该茶色泽金黄，香气馥郁芬芳，汤色杏黄明亮，滋味醇厚甘凉，为湖北省第二批省级非物质文化遗产之一。

平阳黄汤

平阳黄汤有200多年的历史。平阳黄汤创制于清代，其外形条索细紧，色泽黄绿，汤色杏黄明亮，滋味鲜醇，一度被列为贡品，是浙江主要名茶之一。平阳黄汤亦称“温州黄汤”，原产于平阳、泰顺、瑞安等地，品质以平阳北港（南雁荡山区）所产为最佳，向以

“黄叶黄汤”“浓而不涩，厚而甜醇”，博得饮茶者的喜爱。平阳黄汤的总体特征为外形色黄，白毫显露，俗称“白心黄叶”。具体表现为：外形细紧、纤秀、匀整，色泽黄绿显毫，汤色杏黄清亮，滋味甘醇爽口，香气香高持久，叶底嫩黄明亮匀齐。

黄大茶

黄大茶以采摘一芽二三叶至一芽四五叶为原料制作而成，主要品种有安徽的皖西黄大茶、广东的广东大叶青和贵州海马宫茶。

皖西黄大茶

皖西黄大茶为安徽霍山、金寨、六安、岳西所产。品质最佳者当数霍山县大化坪、漫水河、金寨县燕子河一带所产。干茶色泽自然，呈金黄，香高、味浓、耐泡。黄大茶的品质特点：外形梗壮叶肥，叶片成条，梗叶相连形似鱼钩，梗叶金黄显褐，色泽油润，汤色深黄显褐，叶底黄中显褐，滋味浓厚醇和，具有高爽的焦香。

广东大叶青

广东大叶青为广东的特产。制法是先萎凋后杀青，再揉捻、闷堆。其产地为广东省韶关、肇庆、湛江等地。广东大叶青外形条索肥壮、紧结、重实，老嫩均匀，叶张完整显毫，色泽青润显黄，香气纯正，滋味浓醇回甘，汤色橙黄明亮，叶底淡黄。

贵州海马宫茶

贵州海马宫茶产于贵州省大方县的老鹰岩脚下的海马宫乡。贵州海马宫茶采于当地中小群体品种，具有茸毛，持嫩性强的特性，鲜叶谷雨前后开始采摘。采摘标准：一级茶为一芽一叶初展；二级茶为一芽二叶；三级茶为一芽三叶。贵州海马宫茶属黄茶类名茶，具有条索紧结卷曲，茸毛显露，清高味醇，回味甘甜，汤色黄绿明亮，叶底嫩黄匀整明亮的特点。

黄大茶大枝大叶的外形在我国诸多茶类中很少见，已成为饮茶者判定黄大茶品质好坏的标准。

安吉白茶、君山银针都不是白茶

在原产地为福鼎的白茶中，品类等级最高者为白毫银针。因名称相近的缘故，安吉白茶和君山银针常被人误解为白茶。实际上安吉白茶属绿茶类，君山银针属黄茶类，它们都不是白茶。

制作工艺

黄茶的制作与绿茶相似，不同点是多了一道闷黄工序。这个闷黄过程，是形成黄茶特点的关键。其典型工艺流程是杀青、闷黄、干燥。

杀青

黄茶通过杀青，可以破坏酶的活性，蒸发一部分水分，散发青草气，对香味的形成有重要作用。

闷黄

闷黄是黄茶制作工艺的特点，是形成黄茶“黄色黄汤”的关键工序。从杀青到干燥结束，都可以为茶叶的黄变创造适当的湿热工艺条件，但作为一道制茶工序，有的茶在杀青后闷黄，有的则在毛火后闷黄，有的闷炒交替进行。针对不同茶叶品质，闷黄的方法不一，但殊途同归，都是为了形成良好的“黄色黄汤”的品质特征。

闷黄的主要做法是将杀青和揉捻后的茶叶用纸包好，或堆积后以湿布盖之，时间以几十分钟或几个小时不等，促使茶坯在湿热作用下进行非酶性的自动氧化，形成黄色。影响闷黄的因素主要有茶叶的含水量和叶温。含水量愈多，叶温愈高，则湿热条件下的黄变过程也愈快。

干燥

黄茶干燥分两次进行。毛火采用低湿烘炒，足火采用高温烘炒。干燥温度先低后高，是形成黄茶香味的重要因素。堆积变黄的鲜茶叶，在较低温度下烘炒，水分蒸发得慢，干燥速度缓慢，多酚类化合物的自动氧化和叶绿素在湿热作用下进行缓慢转化，促进黄茶“黄叶黄汤”品质的进一步形成。然后用较高的温度烘炒，固定已形成的黄茶品质，同时干热作用使酯型儿茶素裂解为简单的儿茶素和没食子酸，增加了黄茶的醇和味感。糖转化为焦糖后，氨基酸受热转化为挥发性的醛类物质，组成黄茶香气的重要成分。低沸点芳香物质在较高温度下一部分挥发，一部分青叶醇发生异构化，转为清香；高沸点芳香物质由于高温作用而显露出来。这些变化综合构成了黄茶的香味。

鉴别选购

黄茶因品种和加工技术不同，形状、色泽等有明显差别。我们在购买时可以从以下三个方面入手鉴别出优质的黄茶。

观外形

成品的黄茶外形比较肥硕挺直，厚重、匀实，叶片完整整齐，茶芽黄亮。

看汤色

黄茶颜色以黄为主。冲泡出来的黄茶的汤色主要呈现为嫩黄发亮而清澈。没有任何的浑浊之感。

王爱娟 摄

品滋味

香醇鲜美，浓而不涩，醇而可口，啜入口中，有圆滑醇爽之感。这是黄茶品饮起来与其他茶叶味道的不同之处。

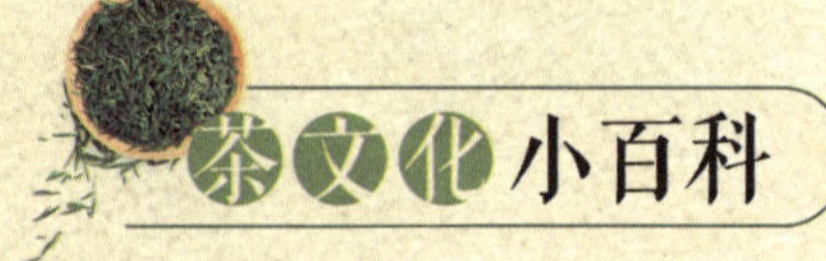

茶文化小百科

茶叶不是以颜色来分类的

我国有绿茶、红茶、白茶、黑茶、黄茶、乌龙茶等六大茶类，它们是按茶叶的颜色来划分的吗？其实，茶叶的分类主要是按它们的加工工艺进行划分的：绿茶为不发酵，白茶为轻微发酵，黄茶为轻发酵，乌龙茶（青茶）为半发酵，黑茶为后发酵，红茶为全发酵。

王爱娟　摄

保存方法

黄茶的保存一定要注意避高温、避高湿、避光线、避氧气。黄茶中的茶多酚、多酚类物质、维生素C和胡萝卜素极易氧化，因此环境温度、相对湿度、异味、光线、空气和微生物等都会影响茶叶的品质。

保存黄茶时，可在茶叶袋中放入保鲜剂并密封，以隔绝空气。茶叶的含水量要控制在一定的范围内，一般最佳的含水量在7 %左右。一般情况下，黄茶保存在5~6 ℃为好（将温度控制在5 ℃左右，保存不发酵或轻发酵茶叶的质量较好），因为茶叶在高温或常温条件下会加快衰化速度，很容易陈化，从而影响黄茶的品质。故可以把茶叶用铝箔袋装好再放入易拉罐中，然后再在外面套一个干净的塑料袋并扎紧，直接放入冰箱内储存，并注意避免与其他食物一起冷藏，以免茶叶吸附异味。

沈洪玲　摄

品味佳茗

选择茶具

在冲泡黄茶时可以用玻璃杯或者盖碗来冲泡，这样可以一边冲泡一边欣赏茶叶在冲泡过程中的不同景观。

水温控制

冲泡黄茶的水温控制在90 ℃左右，可以使黄茶中的营养成分更好地溶于水中。

投茶量

黄茶冲泡时的投茶量控制在茶具的1/4左右，这样可以让冲泡出来的茶汤浓淡相宜，品饮起来刚刚好。黄茶可以反复冲泡三四次。

冲泡过程

茶具选择好后就可以对黄茶进行冲泡了，冲泡时先将茶具烫上一遍，这样洗杯还可以温杯。第一泡黄茶时间控制在3秒左右，再将第一泡的茶水倒掉，这样可以去除黄茶中的杂质，然后就可以倒入开水进行冲泡了。冲泡过程中可以闻茶香、观茶冲泡之景。

绿装素裹——白茶

把盏话茶

不论莫逆

还是萍水相逢

一方几案

几个矮凳

古往今来

人世繁华

都在唇齿间袅袅生香

白茶物语

白茶属微发酵茶，素为茶中珍品，历史悠久。白茶是指一种采摘后不经杀青或揉捻，只经过晒或文火干燥后的茶。它具有外形芽毫完整，满身披毫，毫香清鲜，汤色黄绿清澈，滋味清淡回甘的品质特点。白茶是中国茶类中的特殊珍品，因其成品茶多为芽头，满披白毫，如银似雪而得名。白茶的主要产区在福建省的福鼎、政和、松溪、建阳等地。

白茶性清凉，药效性能很好，具有解酒醒酒、清热润肺、平肝益血、消炎解毒、降压减脂、消除疲劳等功效，尤其针对烟酒过度、油腻过多、肝火过旺引起的身体不适、消化功能障碍等症，具有独特、奇妙的保健作用。白茶宜常饮，不宜间断。

白茶类别

白茶因茶树品种、原料（鲜叶）采摘的标准及鲜叶原料的不同，可分为白毫银针、白牡丹、贡眉、寿眉等品种。

白毫银针

白毫银针，简称银针，又叫白毫，因其白毫密披、色白如银、外形似针而得名。它的原产地在福建，主要产区为福鼎、政和、松溪、建阳等地，素有中国十大名茶的称号，亦有“茶中美女”“茶王”之美称。现今白毫银针的茶芽均采自福鼎大白茶、政和大白茶两种茶树。福鼎所产茶芽茸毛厚，色白富光泽，汤色浅杏黄，味清鲜爽口。政和所产，汤味醇厚，香气清芬。白毫银针因产地和茶树品种不同，又分北路银针

陈青丽　摄

和南路银针两个品目。

白牡丹

白牡丹因其绿叶夹银白色毫心，形似花朵，冲泡后绿叶托着嫩芽，宛如蓓蕾初放，故得美名。白牡丹是采自大白茶树或水仙种茶树的短小芽叶新梢的一芽一二叶制成的，是白茶中的上乘佳品。

贡眉

贡眉，又被称为寿眉，是白茶中产量最高的一个品种，其产量约占到了白茶总产量的一半以上。它是以菜茶（福建茶区对一般灌木茶树之别称）茶树的芽叶制成，这种用菜茶芽叶制成的毛茶称为“小白”，以区别于福鼎大白茶、政和大白茶茶树芽叶制成的“大白”毛茶。以前，菜茶茶树的芽叶曾经被用来制作白毫银针等品种，但后来则改用“大白”来制作白毫银针和白牡丹，而“小白”就用来制作贡眉了。

贡眉的产区主要位于福建建阳，在建瓯、浦城等也有生产。制作贡眉的鲜叶的采摘标准为一芽二叶至一芽三叶，采摘时要求茶芽中含有嫩芽、壮芽。贡眉的制作工艺分为初制和精制，其制作方法与白牡丹的制作基本相同。优质的贡眉成品茶毫心明显，茸毫色白且多，干茶色泽翠绿，冲泡后汤色呈橙黄色或深黄色，叶底匀整、柔软、鲜亮，叶片迎光看去，可透视出主脉的红色，品饮时滋味醇爽，香气鲜纯。

寿眉

寿眉是用采自菜茶茶树的短小芽片和大白茶片叶制成的白茶。通常，贡眉表示上品，其质量优于寿眉，现在，一般只称贡眉，而不再称寿眉。

饮白茶可明目

白茶存放时间越长，其药用价值越高。白茶中含有丰富的维生素A原，它被人体吸收后，能迅速转化为维生素A。维生素A能合成视紫红质，使眼睛在暗光下看东西更加清楚，可预防夜盲症与角结膜干燥症。同时白茶还有防辐射物质，对人体的造血机能有显著的保护作用，能减少电视辐射的危害。

制作工艺

白茶的制作工艺分为两大类：传统工艺和新工艺。传统工艺制作的白茶能喝到“阳光的味道”，因为整个制作工序不炒不揉，鲜叶采下后要让茶青“吸饱”太阳光，只有萎凋和干燥，两步成茶。新工艺白茶，在传统工艺的基础上添加了轻揉捻、微发酵工序，时间偏短，萎凋程度略低，包括萎凋、渥堆、揉捻、烘焙、保存等工序。萎凋是形成白茶品质的关键工序。白茶制法的特点是既不破坏酶的活性，又不促进氧化作用，以保持白茶的毫香显现，汤味鲜爽。

下面以新工艺为例介绍一下白茶的制作工艺。

萎凋

白茶的制作工艺是最自然的，将采下的鲜叶均匀地、薄薄地摊放在竹席上置于微弱的阳光下，或置于通风透光效果好的室内，让其自然萎凋，不可翻动。根据气候条件和鲜叶等级，可以灵活选用室内自然萎凋、复式萎凋或加温萎凋。应根据气候灵活掌握，春秋晴天或夏季不闷热的晴朗天气，采取室内萎凋或复式萎凋为佳。当茶叶达七八成干时，室内自然萎凋和复式萎凋都需进行并筛。

渥堆

渥堆就是在传统制茶工艺的基础上，增加了轻度发酵的工序，即将萎凋后的白茶平铺在竹席上。低温干燥的天气，堆厚，20~30厘米，历时3~4小时；高温高湿天气，堆薄，15~20厘米，历时2~3小时。

揉捻

对渥堆之后的白茶进行轻度揉捻，使茶叶外形略带褶皱，呈半卷条形，色泽暗绿带褐，香清味浓。头春嫩芽揉3~5分钟，中等嫩芽5~10分钟，稍老茶青需加压揉10~15分钟。

付兰英　摄

烘焙

白茶的精制工艺是在剔除梗、片、蜡叶、红张、暗张之后，以文火进行烘焙至足干。只宜以火香衬托茶香，待水分含量为4%～5%时，趁热装箱。初烘：烘干机温度100~120 ℃，时间为10分钟；摊凉：15分钟。复烘：温度80~90 ℃；低温长烘温度70 ℃左右。

保存

干茶含水量控制在5%以内，放入冰库，温度1~5 ℃。冰库取出的茶叶3小时后打开，进行包装。

鉴别选购

鉴别选购白茶时，主要从以下几方面入手。

观外形

沈洪玲　摄

外形以毫多而肥壮，叶张肥嫩的为上品；毫芽瘦小而稀少的，则品质次之；叶张老嫩不匀或杂有老叶、蜡叶的，则品质差。叶子平伏舒展，叶缘重卷，叶面有隆起波纹，芽叶连枝稍微并拢，叶尖上翘不断碎的，品质最优；叶片摊开、折贴、弯曲的，品质较差。

毫色银白有光泽，叶面灰绿（叶背银白色）或墨绿、翠绿的，则为上品；铁板色的，品质次之；草绿黄、黑、红色及蜡质光泽的，品质最差。

茶叶中要求不得含有老梗、老叶及蜡叶。如果茶叶中含有杂质，则品质差。

闻气味

以毫香浓显，清鲜纯正的为上品；有淡薄、青臭、失鲜、发酵感的为次。

看汤色

以杏黄、杏绿、清澈明亮的为上品；泛红、暗浑的为差。

品滋味

以鲜爽、醇厚、清甜的为上品；粗涩、淡薄的为差。

观叶底

以匀整、肥软，毫芽壮多、叶色鲜亮的为上品；硬挺、破碎、暗杂、花红、黄张、焦叶红边的为差。

陈青丽　摄

保存方法

罐子储藏法

白茶可以放在茶叶罐里保存，以防压碎。茶叶罐的选择，以锡罐为上，铁罐、纸罐次之，要求密封性好。

陈青丽　摄

木炭储藏法

取适量的木炭装入小布袋内，放入存放茶叶罐的底部，然后将包装好的白茶分层排列在罐里，再密封罐口。木炭应每个月换一次。

冰箱储藏法

白茶用袋子或者茶叶罐密封好，将其放在冰箱内储藏，温度最好为5 ℃。

暖水瓶储藏法

将白茶茶叶装进新买的暖水瓶中，密封好即可。

生石灰储藏法

沈洪玲　摄

将包好的白茶沿缸壁依次排放，中间放生石灰袋（茶叶与石灰重量比例为5：1），装好后将缸口密封，由于石灰易风化松散，要及时更换，储藏后1～2个月换一次，以后3～4个月换一次。此法能长久地保持茶叶优良的自然品质。

注意事项：白茶要低温、避光储藏，因为在高温条件下，白茶内含成分的化学变化加快，从而使品质陈化加速；光照也会使白茶内含成分发生光化学反应，从而使品质失去原有风味。

品味佳茗

饮用白茶，不宜太浓，一般150毫升的水用5克的茶叶就足够了。冲茶的水温要求在95 ℃以上，第一泡时间约3分钟，经过滤后将茶汤倒入茶盅即可饮用。第二泡5分钟即可，也就是要做到随饮随泡。一般一杯白茶可冲泡四五次。

一观色：白茶鲜叶越嫩、越饱满，白化程度越强，制成的干茶越显金黄，品质越高，越显尊贵。

二闻香：嫩香是白茶的特色之一，无论是干茶还是冲泡后的茶汤，嫩香越浓、越持久，品质越高。

三赏奇：用95 ℃左右开水冲泡，切勿加盖，至3分钟后，观白茶舒展，还原呈玉白色，叶片莹薄透明，叶脉翠绿色，叶底完整均匀、成朵，似片片翡翠起舞，颗颗白玉卧底，汤色嫩绿明亮。

沈洪玲　摄

四品评：待茶汤凉至可入口

时，细细品味，滋味鲜爽，味甘生津，唇齿留香。

五添水：待茶汤饮至茶杯的1/3时，添加开水再饮，一般冲饮三次为宜。

茶文化小百科

白茶可治麻疹

白茶防癌、抗癌、防暑、解毒、治牙痛，尤其是陈年的白茶可用作患麻疹的幼儿的退烧辅助药。白茶在华北及福建产地被广泛视为治疗养护麻疹患者的良药。清代名人周亮工在《闽小记》中载：“白毫银针，产太姥山鸿雪洞，其性寒，功同犀角，是治麻疹之圣药。”

康献伟　摄

东方美人——乌龙茶

把盏临风
抑或是西楼邀月
不用丝竹悦耳
亦无须富贵繁华
相顾无言
唯手中香茗
令人心旷神怡

悠悠"乌龙"

乌龙茶亦称青茶，为半发酵茶，是中国六大茶类中独具鲜明特色的茶叶品类。乌龙茶由宋代贡茶龙团、凤饼演变而来，创制于清雍正三年（1725年）前后。乌龙茶为中国特有的茶类，主要产于福建的闽北、闽南，广东及台湾等地，四川、湖南等省近年来也有少量生产。乌龙茶除了内销广东、福建等省外，还主要销往日本、东南亚和中国港澳地区。

乌龙茶中的有机化学成分和无机矿物元素含有许多营养成分和药效成分。乌龙茶可以消除危害健康的活性氧，有改善皮肤过敏、瘦身、抗癌、预防老化、养颜、排毒、利便、抗活化性等功效。

付兰英　摄

乌龙茶类别

乌龙茶是中国名茶代表之一。乌龙茶按形状可分为球形和条形；按其产地可分为闽北乌龙茶、闽南乌龙茶、广东乌龙茶、台湾乌龙茶四大类。不同种类的乌龙茶有着各自的特色，展现着乌龙茶的悠久历史。

闽北乌龙茶

根据品种和产地不同，闽北乌龙茶有闽北水仙、闽北乌龙、武夷岩茶、普通名枞等，产地包括崇安（除武夷山外）、建瓯、建阳等地。闽北乌龙茶条索壮结弯曲，干茶色泽较乌润，香气为熟香型，汤色橙黄明亮，叶底三红七绿，红镶边明显。

武夷岩茶

武夷岩茶是产于福建省武夷山市（原崇安县）武夷山区的乌龙茶的统称，主要品种有大红袍、铁罗汉、白鸡冠、水金龟、武夷肉桂、武夷水仙等。武夷岩茶香气馥郁，胜似兰花而深沉持久，“锐则浓长，清则幽远”；滋味浓醇甘爽，生津回甘，虽浓饮而不见苦涩；茶条壮结、匀整，色泽青褐润亮呈“宝光”；叶面呈蛙皮状沙粒白点，俗称“蛤蟆背”。泡汤后叶底“绿叶镶红边”，呈三分红七分绿。

董小军　摄

大红袍位居武夷岩茶之首，有“茶王之王”之称。用于制作大红袍的鲜叶产于天心岩九龙窠的高岩峭壁之上。两旁岩壁直立，日照不长，气温变动不大，且岩顶终年有细小甘泉由岩谷滴落，滋润茶地，随水流落而来的还有苔藓类的有机物，土地肥沃，使得大红袍天赋不凡。与其他名枞对照，大红袍冲至第九次尚不脱原茶真味——桂花香，而其他名枞经七次冲泡味已极淡。

闽南乌龙茶

闽南乌龙茶主产于福建南部安溪、永春、南安、同安等地，主要品类有铁观音、黄金桂、闽南水仙、永春佛手等。

安溪铁观音

安溪铁观音产自福建省安溪县，是中国十大名茶之一。

“铁观音”茶树，天性娇弱，产量不大，所以便有了“好喝不好栽”的说法，“铁观音”茶从而也更加名贵。纯种铁观音植株为灌木型，树势披展，枝条斜生。叶形椭圆，叶缘齿疏而钝，叶面呈波浪状隆起，具明显肋骨形，略向背面反卷，叶肉肥厚，叶色浓绿光

润，叶基部稍钝，叶尖端稍凹，向左稍歪，略微下垂，嫩芽紫红色，因此有“红芽歪尾桃”之称，这是纯种特征之一。

广东乌龙茶

广东乌龙茶产于广东的潮安、饶平、丰顺、蕉岭、平远、揭东、揭西、普宁、澄海、大埔、东莞等地。其主要品类有凤凰水仙、凤凰单丛、岭头单丛、饶平色种、石古坪乌龙、大叶奇兰、兴宁奇兰等。以潮安的凤凰单丛和饶平的岭头单丛最为著名。

凤凰水仙

凤凰水仙是产于广东潮安凤凰乡的条形乌龙茶，分单丛、浪菜、水仙三个级别。凤凰水仙享有“形美、色翠、香郁、味甘”之誉。其茶条肥大，色泽呈鳝鱼皮色，油润有光。凤凰水仙有天然花香，茶汤橙黄清澈，味醇爽口回甘，香味持久，耐泡，主销广东、港澳地区，还外销日本、东南亚、美国等。

董小军　摄

台湾乌龙茶

台湾乌龙茶源于福建，但是福建乌龙茶的制茶工艺传到台湾后有所改变。台湾乌龙茶依据发酵程度和工艺流程的区别可分为：轻发酵的文山型包种茶和冻顶型包种茶；重发酵的台湾乌龙茶。台湾乌龙茶主要产于台北、桃园、新竹、苗栗等地。台湾乌龙茶的主要品种有东方美人、冻顶乌龙、金萱茶、翠玉茶等。

东方美人

东方美人是台湾独有的名茶，因其茶芽白毫显著，又名为白毫乌龙茶。东方美人外观颇显美感，叶身呈白、绿、黄、红、褐五色相间，鲜艳可爱，茶汤色呈较深的琥珀色，尝起来浓厚甘醇，并带有熟果香和蜂蜜的芬芳。

牙齿过敏可嚼铁观音茶叶

牙齿过敏是一种比较常见的毛病，很多人不得不求助医生，用药物解决。日常生活中，我们也可以尝试使用一些简单的方法进行处理，例如嚼铁观音茶叶。

一般而言，铁观音茶叶抗敏效果比较好。喝完的铁观音茶不要随意丢掉，可以“废物利用”，放在口中尤其是过敏的牙齿部位咀嚼一下。同样也可以将新鲜的铁观音茶叶直接放入牙齿的敏感部位轻轻咀嚼。用咀嚼铁观音茶叶的方法来治疗牙齿酸痛时，不必选用很高档次的铁观音茶，因为高档次铁观音茶的含氟量较低档次铁观音茶要少很多。

制作工艺

乌龙茶的制作工艺概括起来可包括：萎凋、做青、炒青、揉捻、干燥，其中做青是形成乌龙茶特有品质特征的关键工序，是奠定乌龙茶香气和滋味的基础。

● 萎凋

萎凋即凉青、晒青。鲜叶通过萎凋散发部分水分，提高叶子韧性，便于后续工序进行；同时伴随着失水过程，鲜叶内酶的活性增强，散发部分青草气，利于香气显露。乌龙茶萎凋不同于红茶，红茶萎凋不仅失水程度大，而且萎凋、揉捻、发酵工序分开进行，而乌龙茶的萎凋和发酵工序不分开，两者相互配合进行。通过萎凋，以水分的变化，控制叶片内物质适度转化，达到适宜的发酵程度。

● 做青

做青是乌龙茶制作的重要工序，其特殊的香气和绿叶红镶边就是做青时形成的。萎凋后的鲜叶置于摇青机中摇动，叶片互相碰撞，擦伤叶缘细胞，从而促进酶促氧化作用。摇动后，叶片由软变硬。再静置一段时间，氧化作用相对减缓，叶柄叶脉中的水分慢慢扩散至叶片，此时鲜叶又逐渐膨胀，恢复弹性，叶子变软。经过这些过程，茶叶发生了一系列生物化学变化。叶缘细胞被破坏后，发生轻度氧化，叶片边缘呈现红色。叶片中央部分，叶色由暗绿转变为黄绿，即“绿叶红镶边”；同时水分的蒸发和运转有利于香气、滋味的发展。

● 炒青

乌龙茶的内质已在做青阶段基本形成，炒青是承上启下的转折工序。它像绿茶的杀青一样，主要是抑制鲜叶中的酶的活性，控制氧化进程，防止叶子继续红变，固定做青形成的品质。其次，炒青阶段低沸点青草气挥发和转化，形成馥郁的茶香，同时通过湿热作用破坏部分叶绿素，使叶片黄绿光亮，此外，还可挥发一部分水分，使叶子柔软，便于揉捻。

● 揉捻

通过揉捻，叶片揉破变轻，卷转成条，体积缩小，且便于冲泡。同时部分茶汁溢出附着在叶片表面，对提高茶味的浓度也有重要作用。

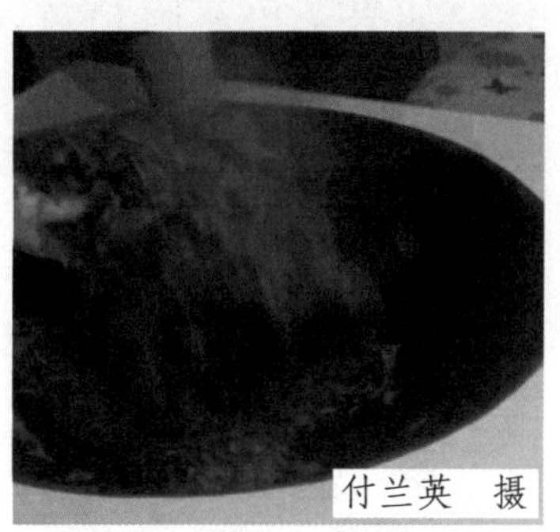
付兰英　摄

● 干燥

干燥是乌龙茶制作过程的重要环节。干燥可抑制酶的氧化，蒸发水分和软化叶子，消除成品的苦涩味，干燥还可通过热化作用，促进香气、增强滋味，使乌龙茶变得更加醇厚。

鉴别选购

乌龙茶品种繁多，品质良莠不齐，在选购时我们可以从以下几方面鉴别乌龙茶。

观外形

董小军　摄

把乌龙茶茶叶捧在手心对着光线看，上好的乌龙茶颜色应该是墨绿，若带点砂绿白霜更佳。如果茶色灰暗枯黄，那肯定是劣品乌龙茶。如果是老点的乌龙茶，可以仔细观察茶叶是否隐存红边，有则表明发酵适度。

闻气味

用手捧住干乌龙茶，鼻子贴紧茶叶，吸三口气，如果香气浓郁持续，甚至愈来愈强，便是好茶。反之，闻起来香气不足，甚至带有杂味，那就不是好茶。有青草味的是下品；散发异味的不能饮用。

摸手感

球形的乌龙茶放在手中抖动，要感觉分量适中，太轻滋味淡薄，太重易苦涩。条形的乌龙茶，如果感觉叶尖刺手，是因为茶青太嫩或退青不足，喝起来会有苦涩感。

保存方法

乌龙茶一旦受到潮湿或异味的影响，茶叶的品质将会大打折扣。因此一定要用正确的方法去储存乌龙茶。下面介绍几种乌龙茶的日常家庭存放方法及注意事项。

在家里存放乌龙茶，要放在干燥、避光、密封、不通风、没有异味的地方。

现在很多乌龙茶都是包装好的，有些用塑料袋包装，有些用铝箔袋包装，还有些是用铝箔袋抽真空包装好。用塑料袋包装的不宜久放，最好尽快饮用。用铝箔袋包装的可以略微降低存放标准。

董小军　摄

乌龙茶不要放在厨房或者有香皂、樟脑丸、调味品的柜子里，以免吸收异味。

容器选择没有异味的瓷罐、铁

罐、竹盒、木盒、瓦坛子等，尽量装满，加盖密封后置于电冰箱内冷藏。

注意事项：乌龙茶茶叶一旦受潮，可用干净、没有油腻的锅慢慢烘干。乌龙茶储存不当时茶叶会霉变，霉变的茶叶不能再喝，以免对身体造成不必要的影响。

新茶别急着喝

一般来说，焙火类的茶最好放置一段时间再饮用。一方面是避免上火，另一方面则是为了给茶“降降火气”，避免火味掩盖了其本身的香气、滋味。焙火类的茶主要是乌龙茶，如浓香炭焙铁观音、台湾炭焙乌龙茶等。

因为茶的本质属性是寒性，在加工过程中，无论是用炭火还是用电来烘焙，都会有火的加入，寒火交融。从中医的角度来看，刚制作的茶属于水火未调，茶的寒性和烘焙带来的火性都处于很强的状态，如果这时喝下去，通过人体来实现寒和火的平衡时对人体来说是很有伤害的，所以茶要存放一下，按照焙火程度的不同，存放的时间也不同。退火后的焙火茶，炭火的热力部分消散，乌龙茶本身的花果香和滋味方才显示出来，更能和人的身体相适应，这个时候喝茶更有利于人体健康。

6 品味佳茗

泡好一壶乌龙茶的必要条件如下：

选择茶具

俗话说“水乃茶之母，器乃茶之父”，有了好茶叶，更需好水好茶具，才能将其神韵表现得淋漓尽致。冲泡乌龙茶水最好是纯净水或矿泉水，茶具则以“宜陶景瓷”（宜兴的紫砂陶、景德镇的瓷器）为佳。

水温控制

由于乌龙茶含有某些特殊的芳香物质，需要在高温的条件下才能完全发挥出来，所以一定要用沸水来冲泡。

投茶量

根据喝茶人数选定壶型，根据茶壶的容量确定茶叶的投放量。若茶叶是紧结球形乌龙，茶叶需占到茶壶容积的1/3~1/4；若茶叶较松散，则需占到壶的一半。

开汤时间

闽南和台湾的乌龙茶冲泡时浸泡的时间第一泡一般是45秒左

右，再次冲泡是60秒左右，之后每次冲泡时间往后稍加数十秒即可。闽北和潮州的乌龙茶开汤时间则要快得多，第一泡15秒就可以了。

冲泡次数

乌龙茶有“七泡有余香”的说法，方法得当每壶可冲泡七次以上。

沈洪玲　摄

群芳最——红茶

清淡光阴

就着一盏清茶

吟诗作画

让平淡如水的日子

在馥郁的馨香里

清闲雅致

徜徉“红”海

陈青丽　摄

红茶的鼻祖在中国，世界上最早的红茶由中国明代时期福建武夷山茶区的汉族茶农发明，名为“正山小种”。武夷山市桐木关江氏家族是生产正山小种红茶的茶叶世家，至今已经有400多年的历史。红茶属于全发酵茶类，因其干茶色泽和冲泡的茶汤以红色为主调，故名红茶。

红茶富含胡萝卜素、维生素A、钙、磷、镁、钾、咖啡因、异亮氨酸、亮氨酸、赖氨酸、谷氨酸、丙氨酸、天门冬氨酸等多种营养元素，可以帮助胃肠消化、促进食欲，可利尿、消除水肿，并可增强心脏功能。红茶中富含的黄酮类化合物能消除自由基，具有抗酸化作用，降低心肌梗死的发病率。

红茶偏温，较适合冬天饮用。在冬天，胃容易不舒服，可以用红茶酌加黑糖、生姜片，趁温热慢慢饮用，有养胃功效。

红茶类别

严格说起来，红茶不是指茶的品种，而是一种茶叶的加工工艺。按照加工的方法与出品的茶形，红茶一般分为三大类：小种红茶、工夫红茶和红碎茶。

小种红茶

小种红茶是福建省的特产。小种红茶是最古老的红茶，同时也是其他红茶的鼻祖。它分为正山小种和外山小种，均原产于武夷山地区。

正山小种

正山小种产于崇安县星村乡桐木关一带，所以又称为“星村小种”或“桐木关小种”。正山小种之“正山”表示是“真正的高山地区所产”之意，凡武夷山中所产的茶均称作正山小种。

正山小种产于1000米以上的高山，如今那里已经实行了“原产地保护”。正山小种又可分为东方口味和欧洲口味：东方口味讲究的是桂圆汤味；欧洲口味的松香味则更浓郁。

外山小种

外山小种主产于福建的政和、坦洋、古田、沙县等地，因是武夷山附近所产，为仿照正山品质的小种红茶，质地较差，被称为“外山小种”或“人工小种”。

工夫红茶

工夫红茶是中国特有的红茶，其中，祁门工夫、滇红工夫、闽红工夫等都是品质优良的工夫红茶。这里“工夫”两字有双重含义：一是指加工的时候较别种红茶下的工夫更多；二是冲泡的时候要用充裕的时间慢慢品味。

祁门工夫茶

祁门工夫茶是我国传统工夫红茶的珍品，有百余年的生产历史。它主产于安徽省祁门县，与其毗邻的石台、东至、黟县及贵池等县也有少量生产。常年产量5万担左右。

陈青丽　摄

祁门工夫茶条索紧秀，锋苗好，色泽乌黑泛灰光，俗称“宝光”；内质香气浓郁高长，似蜜糖香，又蕴有兰花香；汤色红艳，滋味醇厚，回味隽永；叶底嫩软红亮。祁门工夫茶品质超群，被誉为“群芳最”，这与祁门地区优越的自然生态环境是分不开的。该地的土地肥沃，腐殖质含量较高，早晚温差大，常有云雾缭绕，且日照时间较短，构成茶树生长的天然佳境，酿成祁红特殊的芳香。

滇红工夫茶

陈青丽 摄

滇红工夫茶属大叶种类型的工夫茶，主产于云南的临沧、保山等地，是我国工夫红茶的后起之秀。滇红工夫茶外形条索紧结，肥硕雄壮；干茶色泽乌润，金毫特显；内质汤色艳亮，香气鲜郁高长，滋味浓厚鲜爽，富有刺激性；叶底红匀嫩亮，在国内独树一帜。滇红工夫茶因采制时期不同，其品质具有季节性变化，一般春茶比夏茶、秋茶好。滇红工夫茶茸毫显露为其品质特点之一，其毫色可分淡黄、菊黄、金黄等类。

滇红工夫茶内质香郁味浓，以滇西茶区的云县、凤庆、昌宁所产的茶的香气为好，尤其是云县部分地区所产的滇红工夫茶，香气高长，且带有花香。滇南茶区出产的滇红工夫茶滋味浓厚，刺激性较强；滇西茶区出产的滇红工夫茶滋味醇厚，刺激性稍弱，但回味鲜爽。

闽红工夫茶

闽红工夫茶系政和工夫茶、坦洋工夫茶和白琳工夫茶的统称，均系福建特产。三种工夫茶产地不同、品种不同、品质风格不同，但各自拥有自己的消费爱好者，盛兴百年而不衰。

政和工夫茶按品种分为大茶、小茶两种。大茶系采用政和大白茶制成，是闽红三大工夫茶的上品，外形条索紧结，肥壮多毫，色泽乌润；内质汤色红浓，香气高而鲜甜，滋味浓厚；叶底肥壮尚红。小茶系用小叶种制成，条索细紧；香似祁红，但欠持久；汤色稍浅，味醇和；叶底红匀。政和工夫茶以大茶为主体，扬其毫多味浓之优点，又适当拼以高香之小茶，因此高级政和工夫茶体态特别匀称，毫心显露，香味俱佳。政和工夫茶一经问世，即享盛名。

陈青丽　摄

坦洋工夫茶产地分布较广，主要分布于福安、拓荣、寿宁、周宁、霞浦及屏南北部等地。坦洋工夫茶外形细长匀整，带白毫，色泽乌黑有光；内质香味清鲜甜和；汤色鲜艳呈金黄色；叶底红匀光滑。所有产区中，坦洋、寿宁、周宁山区所产工夫茶，香味醇厚，条索较为肥壮；东南临海的霞浦一带所产工夫茶色泽鲜亮，条形秀丽。

白琳工夫茶主产地为福鼎市中部的白琳镇，素以形秀有峰、金黄毫显而闻名于世。观其形，细长弯曲；闻其味，清气鲜纯，毫香沁心；汤色明亮，醇和甜美。

红碎茶

红碎茶按其外形又可细分为叶茶、碎茶、片茶、末茶，产地分布较广，遍布于云南、广东、海南等省，主要供出口。

制作工艺

我国红茶的制法大同小异，都有萎凋、揉捻、发酵、干燥四个工序。各种红茶的品质特点都是红汤红叶，色香味的形成都有类似的化学变化过程，只是变化的条件、程度上存在差异而已。下面以工夫红茶为例，简要介绍红茶的制作工艺。

萎凋

萎凋是指鲜叶经过一段时间的失水，使一定硬脆的梗叶成萎蔫凋谢状态的过程。它是红茶初制的第一道工序。经过萎凋，可适当蒸发水分，使叶片柔软、韧性增强，便于造形。此外，这一过程使鲜叶的青草味消失，是形成红茶香气的重要加工阶段。萎凋方法有自然萎凋和萎凋槽萎凋两种。自然萎凋即将茶叶薄摊在室内或室外阳光不太强处，搁放一定的时间。萎凋槽萎凋是将鲜叶置于通气槽体中，通入热空气，以加速萎凋过程，这是目前普遍使用的萎凋方法。

揉捻

红茶揉捻的目的与绿茶相同。茶叶在揉捻过程中成形并增进色香味浓度。同时，叶细胞由于被破坏，便于在酶的作用下进行必要的氧化，有助于发酵的顺利进行。

发酵

发酵是红茶制作的独特阶段。经过发酵，叶色由绿变红，形成红茶“红叶、红汤”的品质特点。叶子在揉捻作用下，组织细胞膜结构受到破坏，透性增大，多酚类物质与氧化酶充分接触，在酶促作用下产生氧化聚合作用，其他化学成分亦相应发生深刻变化。绿色的茶叶产生红变，形成红茶的色、香、味的品质。目前普遍使用发酵机控制温度和时间进行发酵。发酵适度，嫩叶色泽红匀，老叶红里泛青，青草气消失，具有熟果香。

干燥

干燥是将发酵好的茶坯采用高温烘焙的方式，使其迅速蒸发水分，以达到保持干度的过程。其目的有三：利用高温迅速钝化酶的活性，停止发酵；蒸发水分，使茶叶缩小体积，外形固定，保持干度，以防霉变；散发大部分有青草气味的低沸点芳香物质，激化并保留高沸点芳香物质，以使成品获得红茶特有的甜香。

鉴别选购

陈青丽　摄

按照品质优劣的程度，红茶分为优质茶、次品茶和劣质茶三种。凡品质特征符合食品质量和卫生标准要求的，可视为优质茶；污染较轻或经一定技术手段的处理能得到改善，即为次品茶；带有严重的烟焦、酸馊、陈味、霉味、日晒味及其他异味者，尤其是受到农药、化肥污染的，为劣质茶。辨别时需要借助手、眼、鼻、口等感官系统进行综合评判。

观外形

随手抓取一把红茶干茶放在白纸或白色瓷盘上，双手持盘以顺时针或逆时针方向转动，观察红茶干茶的外形是否均匀，色泽是否一致，有的还需要看干茶是否带金毫。条索紧结完整干净，无碎茶或碎茶少，色泽乌黑油润（有的茶还会显现金毫）者为优；条索粗松，色泽杂乱，碎茶、粉末茶多，甚至还带有茶籽、茶果、老枝、老叶、病虫叶、杂草、树枝、金属物、虫尸等夹杂物，此类茶视为次品茶或劣质茶。

闻气味

优质红茶的干茶有甘香，冲泡后会有令人愉快的甜醇香气，次品茶和劣质茶则不明显或明显地夹杂异味。事实上，在红茶的加工过程中，如果加工条件（如温度、湿度等）和加工技术（如萎凋、发酵等）控制不当，或者因红茶成品储藏不当，就会产生一些不利于品质的气味。然而，有些红茶的异味含量较少，嗅干茶时不容易被发觉，此时就要通过冲泡来辨别。含有酸馊味、陈味、霉味的茶，其气味如果不是太浓重，则可以尝试通过烘焙处理来改善品质。

摸手感

用手去感触红茶条索的轻重、松紧和粗细。优质红茶的条索相对紧结，以重实者为佳，粗松、轻飘者为劣。用手触摸茶叶的最主要目的还是在于了解红茶干茶的干燥程度。随手拈取一根茶条，红茶干茶通常有刺手感，易折断，以手指用力揉搓即成粉末。如果是受潮的茶叶，则没有这个特征。

看汤色

通过冲泡后看汤色和叶底也能进行辨别。优质红茶汤色红艳，清澈明亮，叶底完整展开、匀齐，质感软嫩；次品茶和劣质茶的汤色则为红浓稍暗、浑浊的色泽，有陈霉味的劣质茶则表现出叶底不展、色泽枯暗的特征。

品滋味

当红茶干茶的外形、香气、干燥度、色泽等都符合选购标准后，可以取若干干茶放入口中咀嚼辨别，根据滋味进一步了解其品质的优劣。此外还可以通过开汤来进行品评。优质红茶的滋味主要以甜醇为主，小种红茶具有醇厚回甘的滋味，工夫红茶以鲜、浓、醇、爽为主。这些特征在次品茶身上则不明显，而劣质茶的滋味为浓涩和苦涩，甚至有异味。

女性来例假可以喝红茶

根据中医的说法，绿茶为凉性，红茶为热性，花茶介于两者之间，属于中性。一般成年人饮用各种茶叶都不会造成负面影响。女性来例假的时候可以喝红茶，它在一定程度上可以达到调经的作用，但是也不能够喝太多红茶茶饮，因为茶叶中的有些物质会导致女性出现缺铁性贫血。

陈青丽　摄

保存方法

陈青丽　摄

铁罐储藏法

选用市场上供应的马口铁双盖彩色茶罐做盛具。储存前，检查罐身与罐盖是否密闭，不能漏气。储存时，将干燥的茶叶装罐，罐要装实、装严。采用这种方法很方便，但不宜用于茶叶的长期储存。

热水瓶储藏法

选用保暖性良好的热水瓶做盛具。将干燥的茶叶装入瓶内，装实装足，尽量减少瓶内空气存留量，瓶口用软木塞盖紧，塞缘涂白蜡封口，再裹以胶布。由于瓶内空气少，温度稳定，这种方法保持效果也比较好且简便易行。

陶瓷坛储藏法

选用干燥无异味、密闭的陶瓷坛一个，用牛皮纸把茶叶包好，分置于坛内的四周，中间嵌放石灰袋一只，上面再放茶叶包，装满坛后，用棉花包盖紧。石灰隔1~2个月更换一次。这种方法利用生石灰的吸湿性能，使茶叶不受潮，效果较好，能在较长时间内保持茶叶品质，特别是在储存一些名贵茶叶时，采用此法尤为适宜。

冰箱储藏法

先用洁净无异味白纸包好茶叶，再包上一张牛皮纸，然后装入一只无孔隙的塑料食品袋内，轻轻挤压，将袋内空气挤出，随即用细软绳子扎紧袋口。再取一只塑料食品袋，反套在第一只袋外面，同样轻轻挤压，将袋内空气挤压出去，再用绳子扎紧袋口。然后将扎紧袋口的茶叶放在冰箱内。储藏温度控制在5 ℃以下，可储存一年以上。此方法特别适宜储藏名茶，但需防止茶叶受潮。

木炭储藏法

利用木炭极能吸潮的特性来储藏茶叶。先将木炭烧燃，立即用火盆或铁锅覆盖，使其熄灭，待凉后用干净布将木炭包裹起来，放于盛茶叶的瓦缸中间。缸内木炭要根据潮湿情况及时更换。

品味佳茗

七步泡红茶

将新鲜的冷水注入煮水壶里煮沸。因为新鲜的水饱含了空气，可以将红茶的香气充分引导出来，所以隔夜的水、二度煮沸的水或保温瓶内的热水都不适合用来冲泡红茶。

注入刚滚沸的开水，以渐歇的方式温壶及温杯，避免水温变化太大。

谨慎斟酌茶叶量。冲泡浓茶时，每人需用1茶匙的量（约2.5克的茶叶量），但是想要泡出好红茶，建议最好以2茶匙的红茶叶量（约5克）来冲泡成2杯，较能充分发挥红茶香醇的原味，也能享受到续杯的乐趣。

陈青丽　摄

将水温为90 ℃左右的热开水

注入壶里泡茶。

陈青丽 摄

静心等候正确的冲泡时间。因为快速的冲泡无法完全释放出茶叶的芳香，所以一般专业的茶罐上都会标示出茶叶的浓度大小（Strength，即强度），这关乎到茶叶冲泡的时间。例如：浓度分为1~4级，1为最弱，4为最强，冲泡时间则从3分半钟到2分半钟，依次递减。

将壶内冲泡好的茶汤倒入茶杯中。饮茶人在享受红茶的芳香的同时，还可以欣赏到它迷人的茶色。

可选择依个人口味加入适量的糖或牛奶。若是选择喝纯红茶，所看重的完全就是红茶的本色与原味。而奶茶用的茶叶一般而言口味都较重，并带有一些涩味，但是加入浓郁的牛奶之后，涩味会减小而且口感也会变得丰富一些。

生命之茶——黑茶

烟火人家

平静的日子

在一壶茶里安稳着

早出晚归

无需山珍海味

幸福已写满眉间

闲话黑茶

黑茶，因成品茶的外观呈黑色而得名。属后发酵茶，主产区为四川、云南、湖北、湖南、陕西、广西等地。黑茶采用的原料较粗老，是压制紧压茶的主要原料。“黑茶”二字，最早见于明嘉靖三年（1524 年）御史陈讲奏疏：“以商茶低伪，悉征黑茶……商茶给卖。”（《甘肃通志》）

康献伟 摄

黑茶主要供边区少数民族饮用，所以又称边销茶。各种黑茶的紧压茶是藏族、蒙古族和维吾尔族等兄弟民族日常生活的必需品，有“宁可三日无食，不可一日无茶”之说。

黑茶中含有较丰富的营养成分，最主要的是维生素和矿物质，另外还有蛋白质、氨基酸、糖类物质等。对主食为牛羊肉和奶酪，饮食中缺少蔬菜和水果的西北地区的居民而言，长期饮用的黑茶，是他们获取人体必需的矿物质和各种维生素的重要来源，因此黑茶又有“生命之茶”之说。

黑茶泡脚可调节身体、除臭抑菌

黑茶中含有丰富的茶多酚、茶多糖及维生素和矿物质等，茶多酚、茶皂素等有抑菌、抗过敏等作用，黑茶中的芳香物质又有除臭、消炎等功效。黑茶具有很强的兼容性，可选择适当的中药如红花、杜仲等与之调配，制成药茶足浴液，使用药茶泡脚，药力作用于足底经络，能达到调节全身的目的。熬煮适当浓度（1：25～1：50）的黑茶茶汁或者配以中药，以35～40 ℃温水泡脚，可以迅速缓解疲劳，恢复体力，除臭抑菌。

2 黑茶类别

黑茶按外形不同可分为紧压茶、散装茶及花卷茶三大类。按照产区的不同和工艺上的差别，黑茶又可以分为湖南黑茶、湖北老青茶、四川边茶和滇桂黑茶。

湖南黑茶

湖南黑茶是指以湖南安化出产的茶树（主要为安化当地品种）鲜叶为原料，经杀青、揉捻、渥堆、干燥等工序制成的干茶，或以干茶为原料通过蒸、踩、压而成的紧压茶的总称。湖南黑茶原产于安化，后产区扩大到桃江、沅江、汉寿、宁乡、益阳和临湘等地以及湘西张家界等地区，品质以高家溪和马家溪最为优良。

董小军　摄

安化是中国黑茶的发源地，黑茶的制作已有上千年的历史。安化黑茶中的千两茶被誉为“世界茶王”，台湾学者称千两茶是“浓缩的茶文化的经典”。安化黑茶条索卷折成泥鳅状，色泽油黑，汤色橙黄，叶底黄褐，香味醇厚，带松烟香。安化黑茶的神奇之处在于加工过程中产生的一种独特的金黄色颗粒，研究发现这是一种对人体非常有益的益生菌体，专家命名为“冠突散囊菌”，俗称“金花”。它有较强的降脂、降压、调节糖类代谢等功效。湖南黑茶主要销往甘肃、宁夏、青海、新疆、内蒙古等地。

● 湖北老青茶

湖北老青茶别称“青砖茶”“川字茶”，主要产于湖北的蒲圻、咸宁、通山、崇阳、通城等地区。老青茶的茶叶原料较粗老，含有较多的茶梗。以老青茶为原料，蒸压成砖形的紧压茶称“老青砖”，老青砖呈青褐色，叶底暗褐粗老。主销内蒙古自治区。

● 四川边茶

四川边茶分南路边茶和西路边茶两类。四川雅安等地生产的南路边茶，压制成紧压茶——康砖、金尖后，主销西藏自治区，也销往青海和四川甘孜藏族自治州等地区。四川灌县、崇庆、大邑等地生产的西路边茶，蒸后压装入篾包制成方包茶或圆包茶，主销四川阿坝藏族羌族自治州、新疆维吾尔自治区及青海、甘肃等省。南路边茶制作工艺是将鲜叶杀青后，经多次扎堆、蒸馏后晒干。西路边茶制法简单，制作时将鲜叶直接晒干即可。

滇桂黑茶

滇桂黑茶中最为有名的是云南普洱茶和广西六堡茶。

云南普洱茶

云南普洱茶是用青毛茶经潮水渥堆发酵后干燥而成，因产地旧属云南普洱府而得名，现泛指普洱茶区生产的茶。普洱茶是以公认普洱茶区出产的云南大叶种晒青毛茶为原料，经过后发酵加工成的散茶和紧压茶。云南普洱茶有生茶和熟茶之分，生茶自然发酵，熟茶人工催熟。以云南普洱散茶为原料，可蒸压成不同形状的紧压茶——饼茶、紧茶、圆茶（即七子饼茶）。

陈青丽　摄

“越陈越香”被公认为是普洱茶区别于其他茶类的最大特点。“香陈九畹芳兰气，品尽千年普洱情。”普洱茶是“可入口的古董”。不同于别的茶贵在新，普洱茶贵在陈，会随着时间逐渐升值。

广西六堡茶

广西六堡茶因产于广西苍梧县六堡乡而得名，已有200多年的历史，现在产地分布在浔江、郁江、贺江、柳江和红水河两岸。广西六堡茶的制作工艺流程包括杀青、揉捻、渥堆、复揉、干燥，制成毛茶后再加工时仍需潮水渥堆，蒸压装篓，堆放陈化。广西六堡茶品质特点是条索长整紧结，汤色红浓，香气陈厚，滋味甘醇，带松烟和槟榔味，叶底铜褐色。

制作工艺

黑茶的基本工艺流程是杀青、初揉、渥堆、复揉、烘焙。一般黑茶的原料较粗老，加之制作过程中往往堆积发酵时间较长，因而叶色油黑或黑褐，故称黑茶。

杀青

由于原料比较粗老，在杀青时为了避免黑茶的水分不足而杀不匀透，一般除雨水叶、露水叶和幼嫩芽叶外，都要按10∶1的比例洒水（即10千克鲜叶1千克清水）。洒水要均匀，以便于黑茶杀青能杀匀、杀透。

手工杀青

选用大口径（口径80～90厘米）锅，炒锅斜嵌入灶中呈30°左右的倾斜面，灶高70～100厘米。一般采用高温快炒，锅温280～320 ℃，每锅投叶量4～5千克。鲜叶下锅后，立即以双手匀翻快炒；至鲜叶烫手时改用炒茶叉抖炒，称为“亮叉”；当出现水蒸气时，则以右手持叉，左手握草把，将炒叶转滚闷炒，称为“渥叉”。

亮叉与渥叉交替进行，历时2分钟左右。待鲜叶变得软绵且带黏性，色转暗绿，无光泽，青草气消除，香气显出，折粗梗不易断，且均匀一致，即可视为杀青适度。

机械杀青

当锅温达到杀青要求，即投入鲜叶8～10千克，依鲜叶的老嫩、水分含量的多少调节锅温进行闷炒或抖炒，待杀青适度即可出机。

● 初揉

黑茶原料粗老，揉捻要掌握轻压、短时、慢揉的原则。初揉、中揉时，捻机转速以40转/分左右，揉捻时间以15分钟左右为好。待黑茶嫩叶成条，粗老叶成皱叠时即可。

● 渥堆

渥堆是形成黑茶色、香、味的关键工序。黑茶渥堆应有适宜的条件。黑茶渥堆要在背窗、洁净的地面，避免阳光直射，室温在25 ℃以上，相对湿度保持在85%左右。初揉后的茶坯，不经处理立即堆积起来，堆高约1米，上面加盖湿布、蓑衣等物，以保温保湿。渥堆过程中要进行一次翻堆，以利渥堆均匀。堆积24小时左右时，茶坯表面出现水珠，叶色由暗绿变为黄褐，带有酒糟气或酸辣气味，手伸

付兰英　摄

入茶堆感觉发热，茶团黏性变小，一打即散，即为渥堆适度。

复揉

将渥堆适度的黑茶茶坯解块后，上机复揉，压力较初揉稍小，时间一般为6～8分钟，下机解块，及时干燥。

烘焙

烘焙是黑茶初制中的最后一道工序。烘焙可形成黑茶特有的品质，即油黑色和松烟香味。干燥采取松柴旺火烘焙的方法，这种方法不忌烟味，并分层累加湿坯进行长时间一次性干燥，这与其他茶类不同。

黑茶干燥在七星灶上进行。在灶口处的地面燃烧松柴，松柴采取横架方式，并保持火力均匀，借风力使火温均匀地透入七星孔内，并均匀地扩散到灶面焙帘上。当焙帘上温度达到70 ℃以上时，开始撒上第一层茶坯，厚度2～3厘米，待第一层茶坯烘至六七成干时，再撒第二层，撒叶厚度稍薄，这样一层一层地加到5～7层，总的厚度不超过焙框的高度。待最上面的茶坯达七八成干时，即退火翻焙。翻焙用特制铁叉，将已干的底层翻到上面来，将尚未干的上层翻至下面去。继续升火烘焙，待上、中、下各层茶叶干燥到适度，即行下焙。黑茶茶梗易折断，手捏叶可成粉末，黑茶干茶色泽油黑、松烟香气扑鼻时，即为烘焙适度。

鉴别选购

好的黑茶色泽黑而有光泽，汤色橙黄明亮，香气纯正，陈茶有特殊的花香或“熟绿豆香”，滋味醇和甘甜。如果香气有酸馊气、霉味或其他异味，滋味粗涩，汤色发黑或浑浊，都是品质低劣的表现。选购时具体可以从以下几点进行甄别，符合者为优。

观外形

观察干茶的色泽、条索、含梗量及叶底颜色。紧压茶砖面完整、模纹清晰，棱角分明，侧面无裂缝；散茶条索匀齐、油润，叶底为黑褐色。

闻香气

带甜酒香或松烟香，陈茶有陈香。

看汤色

橙黄明亮，陈茶汤色红亮如琥珀。

品滋味

醇和，陈茶润滑、回甘。

陈年老黑茶经久耐泡，品质特点为汤色红艳明净，如陈年洋酒，无沉淀、无浑浊，极具观赏价值。初泡醇香带陈，刚性较弱，中期陈醇兼而有之，后期陈香突出，醇香如陈年洋酒。初泡入口甜、润、滑，味厚而不腻，回味甘甜；中期甜纯带爽，入口即化；后期汤色变浅后，茶味仍呈甜纯，无杂味。

黑砖茶的品质特点：砖面平整，花纹图案清晰，棱角分明，厚薄一致，色泽黑褐，砖内无黑霉、白霉等，可以有“金花”，内质香气纯正，或带松烟香味，汤色橙红尚明，滋味醇和，忌有涩味和粗老味。

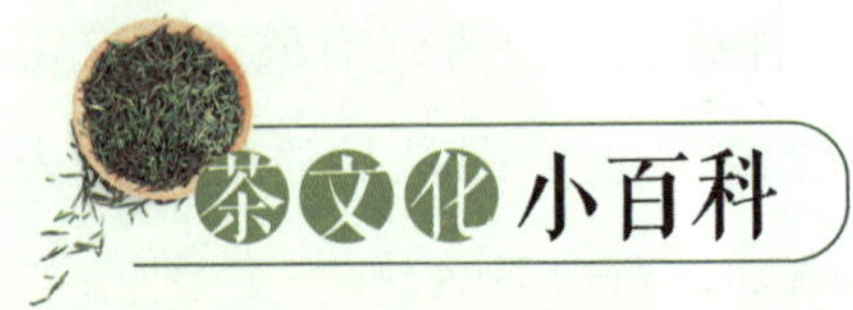

黑茶洗头可止痒秀发

黑茶中含有丰富的毛发生长所必需的蛋白质、茶多酚、茶多糖及维生素和矿物质营养成分，茶多酚等物质又具有抗菌、消炎、抗过敏等作用，因此黑茶茶汁是天然的营养护发“香波”，具有去屑、止痒、护发的功效，长期使用可使秀发洁净而具有光泽。

保存方法

保持通风、干燥、无异味，是存放黑茶最重要的条件。黑茶因属深度发酵（全发酵）茶，需要一定的湿度加速陈化，如果不小心因湿度过大、时间太长而使茶发霉生白毛，应及时取出，拿到通风干燥的地方，也可以抽湿（开空调即可）或在阳光下晾晒，几天后长出的白毛会自然消失。如生白毛的情况严重，可用毛刷、毛巾之类等柔软物品除去表层的白毛，再用电吹风之类的加热器具加热十几分钟即可。

但如果出现黑霉、绿霉、灰霉就是坏茶了，绝对不能饮用。

品味佳茗

黑茶的品饮方式比较多，有传统喝法、工夫喝法、盖碗冲泡喝法、凉茶喝法和奶茶冲泡喝法等。在藏区，因为恶劣的自然环境和人体必需的要求，千百年来一向有着吃茶品茗的风俗，即先把茶熬煮过再饮用，不但口感神韵更佳，经过熬煮后的黑茶对人体的各项保健功效也更为显著。下面以传统喝茶法为例，介绍一下黑茶的品饮方法。

选择茶具

黑茶一般选用茶壶冲泡，如意杯是泡黑茶的专用杯，它可以实现茶水分离，能更好地泡出黑茶。若条件允许，可煮茶。

水温控制

黑茶需使用沸水冲泡。由于黑茶比较“老”，所以泡茶时一定要用100 ℃的沸水，才能将黑茶的茶味完全泡出。

取茶

千两饼取茶：用黑茶刀顺着茶叶纹路，倾斜着将整茶上的一块茶撬取下来即可。

颗粒茶取茶：由于颗粒装的黑茶已经切好，把黑茶从包装中拿出即可。

千两茶取茶：用锉子、铁锤或锯等工具取茶，取千两茶时要小心，不要伤及手指。

投茶量

将大约15克黑茶投入如意杯中。

冲泡过程

按1：40左右的茶与水的比例沸水冲泡。直接按如意杯杯口按钮，便可实现茶水分离。再将如意杯中的茶水倒入茶杯中，即可饮用，也可直接用如意杯饮用。

注意事项：泡黑茶时不要搅拌黑茶或压紧黑茶茶叶，否则会使茶水浑浊。

刘端丽　摄

李姝桥　摄

香水植物——花草茶

泡一壶花草茶

轻盈的花瓣在水中摇曳

澄清的茶水变幻出缤纷的颜色

馥郁的香气如阳光般溢出

喝一口花草茶

品出一片花海的味道

……

取次“花”丛

准确地说，花草茶是以花卉植物的根、茎、花蕾、花瓣或嫩叶为材料，经过采收、干燥、加工等工艺，可以煎煮或冲泡，能产生芳香味道的草本饮料。花草茶种类繁多、特征各异，因此，在饮用时必须弄清不同种类的花草茶的药理、药效特性，才能充分发挥花草茶的保健功能。

刘丹　摄

花草茶是一种天然饮品，含有丰富的维生素。花草茶对人体有保健调养的功效。大部分的花草茶如玫瑰、薰衣草、洋甘菊和薄荷等都具有养颜、抗衰老及滋润肌肤的美容功效，花草茶除了美容功效外，对于舒缓压力、镇静神经等更加有效。

花草茶总是能给人以纯真与优雅的浪漫情怀，所以古人有“上品

饮茶，极品饮花”之说，而现代亦有“男人品茶，女人饮花”之词。

刘丹　摄

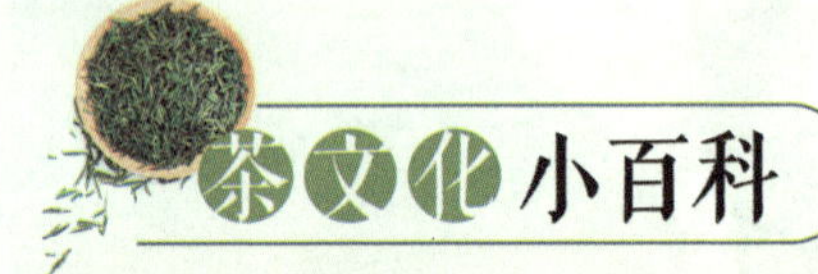

洛神荷叶瘦腿茶

材料：洛神花3朵，荷叶3克，柠檬1片。

做法：将洛神花和荷叶洗净，放入杯中，加入500毫升的开水冲泡，再加入柠檬片即可。

瘦身功效：洛神花可以利尿、去浮肿，还可以通过促进胆汁分泌来分解脂肪；荷叶也是瘦身的良药，有很好的利尿、防便秘作用；再加上具有消脂作用的柠檬，特别适合梨形身材的女性。

花草茶类别

花草茶一般特指那些不含茶叶成分的香草类饮品，所以花草茶其实是不含茶叶成分的。花草茶种类繁多、特征各异，下面简单介绍一下最常见的一些花草茶品种。

菊花

刘丹　摄

菊花性寒，味苦，饮用部位为花蕾、花瓣。菊花的花含挥发油、腺嘌呤和类黄酮等成分，长期饮用，具有清热解渴、益肝补阴、明目解毒、润喉生津、降脂降压、减肥养颜、耐老延年之功效。另外，菊花可扩张冠状动脉，增加血流量，降低血压，对冠心病、高血压、动脉硬化、胆固醇过高等病症都有较好的疗效；菊花对缓解眼睛疲劳和视力模糊也有很好的疗效。

它是天然甜味剂，可以克服异味、苦味等，适合糖尿病患者与减肥者饮用，是最佳的替代糖。菊花主要是与其他的花草茶搭配。

茉莉花

饮用部位为花蕾、花瓣。茉莉花具有疏肝和胃，理气解郁，润肠通便，消除肠胃不适，安神，防治头昏，调节荷尔蒙分泌，缓解神经紧张的功效。另外，喝茉莉花草茶能减轻女性痛经，对女性的生理、生殖机能有一定帮助，并能减肥、美容。茉莉花与粉红玫瑰花搭配冲泡饮用有较好的瘦身效果。

玫瑰花

饮用部位为花蕾、花萼。玫瑰花中含有种类丰富的维生素，特别是维生素C含量较高，具有良好的抗氧化和清除自由基的作用。玫瑰花味甘微苦、性温，可调理血气（月经不调、痛经）、消肿、活血散淤，可用于治疗跌打损伤，促进血液循环，养颜美容；清火、消炎、润喉，具有消除雀斑、除皱、养颜之功效；可消除疲劳，促进伤口愈合；可缓解心血管疾病，保护肝脏胃肠，长期饮用亦有助于促进新陈代谢。但孕妇不宜饮用玫瑰花。含丰富的维生素C的粉红玫瑰花草茶更加值得推荐。

刘丹　摄

百合花

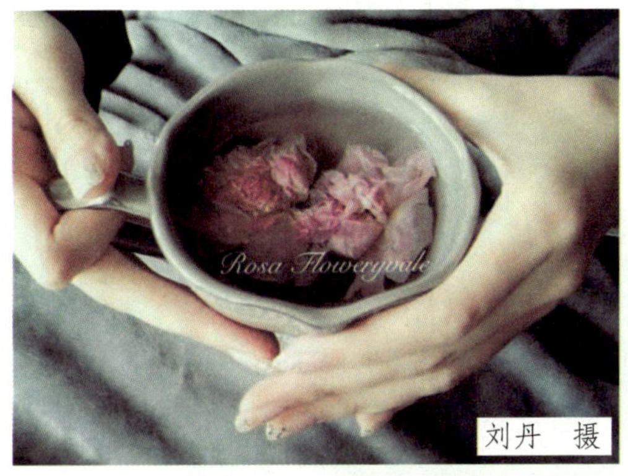

刘丹 摄

饮用部位为花蕾。百合花有去火安神、清凉润肺之功效，可以治疗咳嗽、眩晕、无泡湿疹之症，也可清肠胃、排毒，治疗便秘。百合花适宜与玫瑰花、柠檬、马鞭草一起泡饮。

紫罗兰

饮用部位为花蕾、花瓣。紫罗兰具有调气血、清火养颜、滋润皮肤、增强光泽、防紫外线照射、除皱、消斑的养颜功效，对伤风感冒、咽喉痛、支气管炎等有较好疗效。紫罗兰还能消除疲劳、促进伤口愈合、解酒和防治便秘。它与薰衣草搭配，能有效地清除口腔异味。

洛神花

饮用部位为花瓣、花萼。洛神花具有消除疲劳，护肤养颜，活气补血，改善便秘，防治心血管病、糖尿病的功效；可以解毒，解酒，利尿，去浮肿，护肝，降脂降压，强化血管弹性；可促进胆汁分泌并分解体内多余的脂肪，有明显的瘦身减肥效果；有抑制喉咙发炎的效果，感冒时可缓解喉咙肿痛、咳嗽。洛神花的干燥花瓣或花萼用滚烫开水冲泡约10分钟后即可饮用，也可酌加红糖或蜂蜜饮

用。它与玫瑰花配合使用，减肥效果更佳。

玉兰花

饮用部位为花蕾。玉兰花具有安神开窍、强心补肾、补脾健胃、增强免疫力、预防癌症等功效。它可以养颜美白，改善睡眠，降压减肥，减轻痛经、头痛。孕妇不宜饮用。

薄荷

饮用部位为薄荷的叶片、根。薄荷具有消菌、强肝、健胃整肠、提神醒脑、调理消化的功能，还能清新口气，去油腻，对肥胖、糖尿病等有较好的疗效。

金银花

陈青丽　摄

饮用部位为花蕾、花瓣。金银花性微寒，清热解毒，润肠通便，瘦小腹，对咽喉肿痛、扁桃体炎、疖痈、肠炎等有较好的疗效，可有效缓解常见的上呼吸道感染、流行性感冒、牙周炎等病症，具有抗病毒的功效。

薰衣草

饮用部位为花蕾、花瓣。薰衣草可松弛情绪，消除紧张，镇定

心神，缓解眼睛疲劳，睡前饮用则有助于睡眠。另外薰衣草还可润肺、养颜、美肤、护发，有较好的保健功能。

桂花

饮用部位为花蕾、花瓣。桂花具有润肺、止咳化痰、润肠通便、减轻胀气、调解肠胃不适之功效，也具有美容养颜的功效。桂花味道甘甜、清香四溢，闻之令人心情舒畅，可驱除体内湿气，净化身心。

鉴别选购

目前市场上花草茶种类繁多，质量、价格参差不齐。因此，为了保证质量，消费者应到正规商店购买品牌花草茶，并做到多看、多闻、多品尝。

刘丹　摄

由于花草茶在干燥的制作过程中需尽量保留住花草茶的原始色泽和完整形态，所以花草茶的外形应完整、饱满，无破损和病虫害；色泽纯正，无褪色或人工染色现象；气味透出自然干爽的清香；拈取少许花草茶搓揉以观察其干松程度，凡是绵软、色灰、有霉味的，即可知是劣质产品。冲泡花草茶来试喝是最为可靠的鉴别方法，能进一步鉴别其品质的好坏。

保存方法

刘丹　摄

花草茶因自身营养丰富、芳香扑鼻，容易被虫蛀并极易受潮，因此花草茶必须合理贮藏。首先应进行密封包装，防止香味散发；其次要放置在阴凉干燥的地方，避免阳光直射，防止光线、湿气与温度使花草茶变质、变色。但是没有必要特意将花草茶放在冰箱里，否则取用的时候常常因温差而易凝结水汽造成受潮现象的发生。

刘丹　摄

若花草茶数量不大，也可装在保鲜袋中冷藏，并尽快用完。花草茶的保质期一般为2年，保鲜期为1年。

品味佳茗

冲泡方法

花草茶一般用带盖的玻璃杯、瓷杯或瓷壶冲泡，但不适宜用紫砂壶冲饮。在茶具中注入热水后静置2~5分钟，让花草茶释放出有效成分和花卉的独特芳香后就可饮用。

刘丹 摄

花草茶属无发酵茶类，且主要选用幼嫩无污染的花蕾、花瓣制作，冲泡时水温不宜过高，以80~90 ℃为宜。冲泡花草茶也不宜用保温杯，因为在高温和恒温条件下花草茶中含有的多种维生素和芳香物质会因迅速被破坏而减少，且泡出的花草茶色泽变深、味道变涩。另外在冲泡的过程中，壶和杯具要加盖密闭，尽量减少香味的散失。

品饮技巧

花草茶宜于清饮，不宜加奶，宜不加或少加糖，可加少量蜂蜜，以保持其天然香味。

搭配饮用

不要自己随意配制复合花草茶。因为每种花的药性不同，药用效果也不尽相同，任意搭配可能会使药性相克，不但起不到保健的效果，还可能会对身体造成某些伤害。

刘丹　摄

复合花草茶的配伍不要太杂，尽量不要超过4种，最好能在中医的指导下选用。特别是那些身有疾患的人更应该慎重，千万不要把花草茶当成药品，甚至取代治疗药品。长期饮用复合花草茶的人，在饮用的时间上也要听从中医的意见，有时饮用过量也会造成身体不适。

饮茶禁忌

供食用的花草有性温、性寒和性平之分。性温的食用花草主要有梅花、茉莉花、玫瑰花、月季花、藏红花等；性寒的食用花草主要有夏枯草、金银花、菊花、槐花等；性平的食用花草主要有合欢花、玉米须、芙蓉花、薰衣草等。在搭配时，性温的花草最好不要和性寒的花草配伍食用。另外，还要分清自己的体质情况，如热性体质的人，宜选用性寒的花草，而虚寒体质的人则适用性温的花草，那些性平的花草则对大多数人均适用。

茶文化小百科

乌龙玫瑰花茶

材料：乌龙茶3克，玫瑰花3朵。

做法：将乌龙茶和玫瑰花放入杯子中，再加入500毫升的开水冲泡即可。

功效：乌龙茶和玫瑰花的组合，最大的特点就是能够消脂。这个减肥茶配方能够快速分解体内的脂肪，并且可以达到调经养颜的作用。

刘丹　摄

缘君回顾

李秀玲　摄

菊花茶是以菊花为原料而制成的花草茶，别名甜菊花、茶菊花。菊花为菊科多年生草本植物，是中国传统的常用中药材之一，主要以头状花序供药用。据古籍记载，菊花味甘苦，性微寒，有散风清热、清肝明目和解毒消炎等作用。现代医学也研究证实菊花具有降血压、消除癌细胞、扩张冠状动脉和抑菌的功效与作用，长期饮用能增加人体钙质、调节心肌功能、降低胆固醇，尤其适合中老年人以备在预防流行性结膜炎时饮用。菊花对肝火旺、因用眼过度导致的双眼干涩也有较好的疗效。

主要分类

菊花为常用的中药，古人称之为“延寿客”。《本草纲目》中有“菊之品九百种”的记载，其中以产于浙江桐乡的杭白菊、产于安徽滁州的滁菊、产于安徽亳州的亳菊和产于河南焦作的怀菊最为有名，有“四大名菊”之称。另外，产于黄山脚下的贡菊也比较有名，有着很高的药效。菊花的种类很多，不懂门道的人会选择花朵大且白的菊花，其实小且颜色泛黄的菊花反而是上选。

杭白菊

杭白菊又称甘菊，杭菊，是中国传统的栽培药用植物，是浙江省八大名药材“浙八味”之一。经现代中医药理证明，其具有止痢、消炎、明目、降压、降脂、强身的作用，可用于治疗湿热黄疸、胃痛食少、水肿尿少等病症。以菊汤沐浴，有去痒爽身、护肤美容的功效。

滁菊

滁菊素有“金心玉瓣，翠蒂天香”之美誉，因栽培历史悠久、品质优良而驰名全国，被誉为中国四大名菊之首。它主要产于安徽滁州，因此又被叫作安徽滁菊。滁菊是菊花中花瓣最为紧密的一种，属于药用、饮用两用佳品，有很好的疏风散热、降火、保养眼睛、帮助睡眠的作用。

清代光绪年间《滁州志》曾记载“甘菊产大柳（今南谯区大柳镇）者佳，谓胜于杭产而不可多得”。早在北宋年间，当地人们就用滁菊做糕点食用，泡滁菊酒消毒祛火，每有亲友相聚、宾朋相逢多以滁菊款待和馈赠。滁菊畅销全国并行销到东南亚国家。

亳菊

亳菊产于安徽亳州，花朵较松，容易散瓣是亳菊的重要特点之一。亳菊以疏风散热、解暑明目见长。如果不慎得了风热感冒，不妨取亳菊与冰糖冲泡代茶饮，有一定的治疗作用。夏季还可将亳菊与大米一起煮成粥，可预防中暑。1760年，《百草镜》载有亳州产有白色的菊花，据此，亳菊栽培至少有240年的历史。亳菊产地在亳州东南涡河两岸。20世纪90年代后，亳菊集中分布在亳州辛集、大寺一带，以大寺的怀楼栽培最为集中。

怀菊

怀菊同滁菊功效相似，也有平肝明目之功效。怀菊是“四大怀药”之一，主要产于河南省焦作市的沁阳、博爱、武陟、温县一带。古代本草多认为河南是药用菊花的地道产地。河南的药用菊花栽培最久，早期的邓州黄、邓州白可能是药用菊花品种的始祖。

贡菊

贡菊也称黄山贡菊、徽州贡菊，又称徽菊。因在古代被作为贡品献给皇帝，故名“贡菊”。它盛产于古徽州（今安徽省黄山市的广

陈青花 摄

大地域），主产于著名旅游胜地黄山风景区与国家级自然保护区清凉峰之间，盛产于休宁县兰田、南塘等地。贡菊生长在高山云雾之中，采黄山之灵气，汲皖南山水之精华，得天独厚的自然生态环境孕育了它优良的品质，贡菊色、香、味、形集于一体，既有观赏价值，又有药用功能，被誉为药用和饮用菊花之佳品，是黄山著名特产。

● 加工过程

沈洪玲 摄

菊花的开花期约20天，一般11月初开得较为集中。菊花应分批采收，以花朵（管状花）开放2/3时为最适采收期。因为全开放的花不仅香气散逸，而且加工后易散，色泽亦差。加工方法有阴干、生晒、蒸晒、烘干等。

阴干

11月上旬，绝大部分菊花进入采收时期。选晴天下午连花枝一起割下，挂在搭好的架上阴干。全干后剪下干花，即为成品。著名的亳菊即为阴干品。

生晒

将采收的带枝菊花置架上阴干1~2月，剪下花朵，每100千克喷清水2~4千克，待均匀湿润后，熏8小时左右，熏后稍晾晒即为成品。也可以采收后，将鲜花熏后日晒至干。前者如怀菊，后者如滁菊、川菊。

蒸晒

将收获的鲜菊花置蒸笼内（铺厚度约3厘米）蒸4~5分钟，取出后放竹帘上置于阳光下曝晒，勿翻动。晒3天后可翻一次，晒6~7天后，堆起返润1~2天，再晒1~2天，花朵完全变硬即为全干，可为成品。杭菊即为蒸晒品。

烘干

将鲜菊花置烤房竹帘上（或铺于烘筛置于火炕上），厚度3~5厘米，在60 ℃左右温度下烘烤，半干时翻动一次，九成干时取出略晒，至全干即为成品。贡菊即为烘干品。

以上几种加工方法，以烘干方法为最好，干得快，质量好，出干率高，一般5千克鲜花能加工出1千克干货。菊花亩产干品100~150千克。以花序完整、身干、颜色鲜艳、气味清香、无梗叶、无碎瓣、无霉变者为佳。

冲泡方法

菊花茶有清热解毒、清肝明目的功效，对口干、火旺、目涩，或由风、寒、湿引起的肢体疼痛、麻木等疾病均有一定疗效。健康人平时也可把菊花茶当开水饮用。但应注意的是，应掌握正确的菊花茶冲泡方法。

李秀玲 摄

冲泡菊花茶时，最好用透明的玻璃杯，每次放上4~5粒，再用沸水冲泡即可。若是饮用的人多，可用透明的茶壶，每次放一小把，冲入沸水泡2~3分钟，再把茶水倒入每个人的透明玻璃杯中即可。饮菊花茶时可在茶杯中放入几颗冰糖，这样饮用起来味更甘甜。

每次饮用时，不要一次饮用完，要留下1/3杯的茶水，再续上新茶水，泡上片刻，而后再饮用。

中国十大名茶

茶里乾坤大
壶中日月长
一杯香茗
品四季变换
察世事浮沉
心素如简
人淡如茶

叶底黄亮，总体品质比同级春茶差。

品茗指南

沈洪玲　摄

冲泡器具：陶瓷、玻璃茶具皆可。

冲泡用水：纯净水或山泉水为佳。使用新鲜的水，并避免使用多次煮沸的水。因放置时间过长或多次沸腾的水中含氧量低，会影响茶汤滋味。

冲泡水温：85~95 ℃（切不可用即开开水，冲泡之前，最好晾汤，即在储水壶放置片刻再冲泡）。

冲泡置茶量：3克/杯（或因个人口味而定）。

冲泡步骤：用开水温过杯，倒出水，再投放茶叶，然后倒1/5开水，浸润，摇香30秒左右，再用悬壶高冲法注下七分满之开水，35秒之后，即可饮用。

信阳毛尖

赵静　摄

信阳毛尖又称豫毛峰，属绿茶类，是河南省著名特产。其主要产地在信阳市的浉河区、平桥区、罗山县、光山县、新县、商城县及大别山一带等地。信阳毛尖具有细、圆、光、直、多白毫、香高、味浓、汤色绿的独特风格，具有生津解渴、清心明目、提神醒脑、去腻消食等多种功效。信阳毛尖被誉为“绿茶之王”。

地理环境

信阳毛尖的驰名产地是“五云、两潭、一山、一寨、一寺”，产地主要包括信阳的浉河区、平桥区、罗山县、光山县、新县、商城县、固始县、潢川县等管辖的128个产茶乡镇。信阳具有茶树生长所需的得天独厚的自然条件。这里年平均气温为15.1 ℃。信阳的雨量充沛，年平均降雨量为1134.7毫米，而且多集中在茶季。信阳山区的土壤多为黄、黑沙壤土，深厚疏松，腐殖质含量较多，肥力较高，pH值为4~6.5。历来茶农多选择在海拔300~800米的高山区种茶。这里山势起伏多变，森林密布，植被丰富，雨量充沛，云雾弥漫，空气湿润（相对湿度75%以上）。太阳迟来早去，光照不强，日夜温差较大。茶树芽叶生长缓慢，持嫩性强，肥厚多毫，有效物质积累较多。尤其是信阳处于北纬高纬度地区，年平均气温较低，很有利于茶树茶叶中氨基酸、咖啡因等含氮化合物的合成与积累。

品质特征

赵静　摄

信阳毛尖品种多样，主要有：明前茶、谷雨茶、春尾茶、夏茶、白露茶，其中清明节前采制的明前茶是信阳毛尖最高级别的茶。信阳毛尖的外形细、圆、光、直、多白毫，色泽翠绿，冲后香高持久，滋味浓醇，回甘生津，汤色明亮清澈。优质信阳毛尖汤色嫩绿、黄绿或明亮，味道清香扑鼻；劣质信阳毛尖则汤色深绿或发黄、混浊发暗，不耐冲泡，没有茶香味。

品茗指南

信阳人在喝茶上十分讲究，贵族气十足。在信阳，以茶敬客时，茶要好，沏茶的水也要好。

茶具：一定要用透明的玻璃杯。

赵静　摄

用水：冲泡信阳毛尖对水的要求是很高的，有条件的最好用桶装水，当地自来水水质好的话，也可以用自来水。

在泡信阳毛尖时，切记水温不宜过高，温度过高，会破坏细嫩毛尖的营养物质，汤色变黄，茶汤失去鲜爽。水温一般以90 ℃的开水为适宜。第一遍可倒入少量的水并快速倒掉，称作洗茶。如毛尖本身细嫩且干净，洗茶程序也可省去。

茶量：品饮信阳毛尖，讲究“粗茶细喝，细茶粗喝”，即越细嫩的信阳毛尖芽茶，味道淡，可以多投；越老的信阳毛尖，味道粗重，应少投。

品茶：冲泡后，可先嗅杯面水气茶香，看茶叶舒展。等水温下降茶叶舒展开来，即可品饮。每次品饮不可把水全部喝完，留约1/3的茶汤，然后再冲入水，品饮第二泡。正宗的信阳毛尖可以冲泡4～5遍。

3 安化黑茶

安化黑茶因产自中国湖南安化县而得名，采用安化境内山区种植的大叶种茶叶，经过杀青、揉捻、渥堆、烘焙、干燥等工艺加工制成黑毛茶，并以其为原料精制(包括人工后发酵和自然陈化)而成。安化黑茶主要品种有“三尖”“三砖”“一卷”。三尖茶又称为“湘尖茶”，指天尖、贡尖、生尖；“三砖”指茯砖、黑砖和花砖；“一卷”指花卷茶，现统称“千两茶”。安化黑茶是中国的特有茶类，生产历史悠久。安化产茶自唐代开始，已有“渠江薄片，一斤八十枚”的记载。

● 地理环境

安化县位于湘中偏北，雪峰山脉北部，资江中游，境内群山连片，丘、岗、平地分布零散，山体切割强烈，溪谷发育，水系密度大。这种高山坡地以板页岩风化发育的土地面积最广，土壤以酸性和弱酸性为主，氮、钾等有机质含量丰富，土质较好，酸碱度适宜，养分含量较高，适合栽种茶树。安化县属亚热带季风气候区，

付兰英　摄

四季分明，雨量充沛，严寒期短。年平均气温为16.2 ℃，茶树的生长期长达7个多月。年平均降雨量为1687.7毫米，年平均相对湿度为81%，足以满足茶树生长发育的要求。资江横贯县境中部，流域面积占全县土地面积的98%，由于大水体效应的影响，无霜期平均长达300天，冬暖夏凉，更适宜于茶树的生长。

品质特征

安化黑茶有安化茶协会统一颁发的生产系列标准，按照标准生产的黑茶，茶表黑褐油亮，茶身紧结，压印的文字、图案清晰。

安化黑茶干茶外形：紧压茶砖面完整，模纹清晰，棱角分明，侧面无裂；散茶条索匀齐、黑褐油润。安化黑茶汤色红艳明亮如琥珀，耐泡。安化黑茶口感醇和微涩，有可口的甜酒香或松烟香味，陈茶有陈香，茯砖茶和千两茶有特殊的菌花香，野生茶有淡淡的清香。安化黑茶叶底厚实、粗大。

品茗指南

安化黑茶夏天可冰镇饮用，凉爽解渴；冬天要趁热饮用，可暖胃养肝。

茶具：冲泡安化黑茶宜选择粗犷、大气的茶具。一般用厚壁紫砂壶、陶壶或如意杯冲泡；公道杯和品茗杯则以透明玻璃器皿为佳，便于观赏汤色。

用水：冲泡安化黑茶用水一般以泉水、井水、矿泉水、纯净水为佳。水温要高，一般用100 ℃沸水冲泡；也可用沸水润茶后，再用冷水煮沸，其滋味更佳。

李姝桥　摄

冲泡：冲泡安化黑茶时，较嫩的茶多透少闷，粗老茶则多闷少透。粗老茶也可煮饮。茶与水的比例，高档砖茶及三尖茶为1∶30左右，粗老砖茶则以1∶20左右的比例。由于安化黑茶比较老，所以泡茶时，一定要用100 ℃的沸水，才能将安化黑茶的茶味完全泡出。如果用如意杯冲泡安化黑茶，直接按杯口按钮，便可实现茶水分离，再将如意杯中的茶水倒入茶杯直接饮用。

蒙顶山茶

蒙顶山茶为四川蒙山各类茶的总称，因产于四川省雅安市名山区蒙山之顶，故名“蒙顶山茶”，亦称“蒙顶茶”。品质最佳者有“蒙顶黄芽”“蒙顶石花”“蒙顶甘露”，其中“蒙顶黄芽”“蒙顶石花”为黄茶，而“蒙顶甘露”则为绿茶珍品。蒙顶山茶在1959年被列入全国十大名茶之一，在国内外市场享有盛誉。

地理环境

蒙顶山茶产于“仙茶之乡”——四川省雅安市名山区，蒙山有上清、菱角、毗罗、井泉、甘露等五顶，亦称五峰。相传2000多年前，蒙山寺院的普慧禅师吴理真“携灵茗之种，植于五峰之中”，这茶树“高不盈尺，不生不灭，迥异寻常”“味甘而清，色黄而碧，酌杯中，香云罩覆，

久凝不散”，久饮此茶，有益脾胃，能延年益寿，故有“仙茶”之誉。蒙山跨雅安市名山区和雨城区两地，山势巍峨，峰峦挺秀，绝壑飞瀑，重云积雾，茶区有雨多、雾多、云多三大特点。古人说这里“仰则天风高畅，万象萧瑟；俯则羌水环流，众山罗绕，茶畦杉径，异石奇花，足称名胜”。在此得天独厚的自然环境中，茶树生长繁茂，茶芽鲜嫩，持嫩性强，从而形成了蒙顶山茶的独特品质。

品质特征

蒙顶黄芽外形扁直，芽毫显露，色泽微黄，香气清纯，汤色黄亮，滋味浓醇干鲜，叶底全芽嫩黄、匀齐。蒙顶甘露叶整芽全，叶嫩芽壮，外形美观，纤细多毫；色泽嫩绿油润；香气馥郁；汤色似甘露，碧清微黄；滋味鲜爽，浓郁回甜；叶底匀整，嫩绿鲜亮。

品茗指南

茶具：白瓷盖碗茶具一套。

用水：冲泡蒙顶甘露，最好选用蒙顶山的泉水，因为不易得，所以一般也可以用纯净水。宜用水温为90 ℃的开水冲泡。

冲泡：用沸水温杯洁具，在盖碗还比较烫的时候投茶，然后盖上杯盖摇香，前后摇动三下即可，揭盖轻嗅，一股浓浓的茶香扑鼻而来，沁人心脾。然后冲水，把刚刚凉好的水，沿盖碗的边沿凸起的环缓缓注入碗中，不要直冲，也不要太急，水到盖碗凸沿即可。

蒙顶甘露冲泡最好不要盖杯盖，等5~8秒出汤，出汤的时候盖上杯盖，出完立即揭开，以免将茶叶闷黄。

品茶：汤香稍比摇香的时候淡一些，散发出醉人的栗香。

六安瓜片

六安瓜片是中华传统历史名茶，简称瓜片、片茶，产自安徽省六安市大别山一带。唐代称“庐州六安茶”为名茶；明代始称“六安瓜片”，为上品、极品茶；清为朝廷贡茶。

六安瓜片为绿茶特种茶类，具有悠久的历史底蕴和丰厚的文化内涵。在世界所有茶叶中，六安瓜片是唯一无芽无梗的茶叶，由单片生叶制成。去芽不仅保持单片形体，且无青草味；梗在制作过程中已木质化，剔除后，可确保茶味浓而不苦，香而不涩。用于制作六安瓜片的鲜叶每逢谷雨前后十天之内采摘，采摘时取二三叶，求“壮”不求“嫩”。六安瓜片根据品质特征共分为名品以及一、二、三级共四个等级。

沈洪玲 摄

地理环境

沈洪玲　摄

六安瓜片的主产地是革命老区原金寨县和裕安区两地，处大别山北麓，其中以蝙蝠洞茶场产的瓜片最为正宗。六安市裕安区以及金寨、霍山两县毗邻山区和低山丘陵，分内山瓜片和外山瓜片两个产区。常年平均气温 15 ℃，春秋气候凉爽温和，年平均无霜期 210~220 天，年太阳辐射总量为 506.18 千焦/平方厘米，年日照百分率在 50%左右，光能资源比较丰富。年平均降水量在 1200~1400 毫米，年平均降水天数为 125.6 天，常年相对湿度 80%，属湿润地带。土壤类型比较复杂。内山区主要是黄棕壤，有机质含量高，土壤肥力和通透性好；外山区土层虽厚，但耕作层浅薄，质地黏重，肥力和通透性较差；其他少部分沿河两岸及谷地，多为冲积土类，土层深厚，肥力高，通透性好，一般为高产茶园区。

品质特征

六安瓜片品质特点：形似瓜子，大小匀整，自然平展，叶缘微翘；色泽宝绿；清香高爽，滋味鲜醇回甘；汤色清澈透亮；叶底绿嫩明亮。

品茗指南

赏茶：六安瓜片茶叶单片不带梗芽，具有色泽宝绿、汤色清澈绿亮、香气清雅、回味悠长等独特的品质。冲泡之前可以先细细观赏六安瓜片的形、色、味，领略一下名茶的风韵。

水温：六安瓜片应分两次冲泡，水温在90 ℃左右。六安瓜片切忌用沸腾的热水冲泡，水温过高会使六安瓜片茶叶受损，茶汤变黄，味道苦涩，滋味也就不醇正了。先用少许水温润茶叶，轻摇茶杯或茶壶，使茶叶的香气充分散发出来。待茶汤温热的时候便可以饮用了。要想品出六安瓜片的醇正滋味，在饮用时应小口品啜，缓慢吞咽。

细品：应细细品味六安瓜片头道茶的鲜味与茶香。茶汤余下1/3水量时应续水，二泡茶是最浓郁的，饮后回甘生津，唇齿留香，身心舒畅。饮至三泡，一般茶味已淡，续水再饮就显得淡薄无味了。

安溪铁观音

铁观音是乌龙茶的一种，原产于福建安溪县。铁观音属介于绿茶和红茶之间的半发酵茶。铁观音原是茶树品种名，由于它适制乌龙茶，其乌龙茶成品遂亦名为铁观音。所谓铁观音茶即以铁观音品种茶树制成的乌龙茶，亦有一种说法称“铁观音”名称乃乾隆皇帝所赐。在台湾，铁观音茶则是指一种以铁观音茶特定制法制成的乌龙茶，所以台湾铁观音茶的原料，可以是铁观音品种茶树的芽叶，也可以不是铁观音品种茶树的芽叶。

地理环境

安溪境内多山，有千米以上的高山两千多座，群山环绕，峰峦叠翠，居山近海而与沿海又有崇山峻岭的阻隔。安溪属亚热带季风气候，日照充足，昼夜温差大，气候温和，雨量充沛，具有相对低温、高湿和多云雾的高海拔气候特征。相对低温使茶树芽叶生长自然相对缓慢，有利于新梢组织中可溶性氮化物、氨基酸和芳香物质的合成；高山漫射光多，也利于芳香物质的合成；昼夜温差大有助于光合产物的积累，使糖化合物、蛋白质、氨基酸和维生素含量增加。独特气候孕育出安溪铁观音香气清高悠长、滋味浓郁甘鲜的特质。这里的土壤肥沃，保水性较好，有机质含量较高，矿物质元素丰富；还含有一定数量呈半风化状态的碎石块。这种土壤矿物质元素含量特别高，为形成安溪铁观音的色、香、味和良好保健功能奠定了天然基础。

品质特征

沈洪玲　摄

铁观音是乌龙茶的极品，有清香型、浓香型、韵香型、炭焙型、鲜香型、陈茶等品类。

其品质特征是：茶条卷曲，肥壮圆结，沉重匀整，色泽砂绿，整体形状似蜻蜓头、螺旋体、青蛙腿。冲泡后具有“汤浓、韵明、微香”的特点，即汤色金黄浓艳似琥珀；滋味醇厚甘鲜，回甘悠久，俗称有“音韵”；有虽香但悠悠然不强烈的天然兰花香。

品茗指南

安溪铁观音的冲泡方法有传统泡法、安溪式泡法、宜兴泡法、潮州泡法、诏安泡法等，本节主要介绍道具简单、泡法自由、十分适合大众饮用的传统泡法。

冲泡步骤:

烫壶：将沸水冲入壶中至溢满为止。

倒水：将壶内的水倒出至茶船中。

置茶：这是比较讲究的置茶方式，将一茶漏斗放在壶口处，然后用茶匙拨茶入壶。

注水：将100 ℃的水注入壶中，至泡沫溢出壶口。

倒茶：首先，提壶沿茶船边沿逆行转圈，用意在于刮去壶底的水滴，然后，将壶中的茶倒入公道杯，可使茶汤均匀，或是用茶壶轮流给几杯同时倒茶，当将要倒完时，把剩下的茶汤分别点入各杯中，俗称“韩信点兵”。倒茶至七分满为好。

奉茶：自由取饮，或由专人奉上。

品茶：乘热细啜，先闻其香，后尝其味，边啜边闻，浅斟细品。饮量虽不多，但能唇齿留香，喉底回甘，心旷神怡，别有情趣。

普洱茶

陈青丽 摄

普洱茶是以云南省一定区域内的云南大叶种晒青毛茶为原料，经过后发酵加工而成的散茶和紧压茶。普洱茶按其加工工艺及品质特征分为生茶和熟茶；按存放方式分为干仓普洱和湿仓普洱；按外型可分为饼茶、沱茶、砖茶、金瓜贡茶、千两茶及散茶。普洱茶可按高、中、低档分等级。普洱茶的中级、上级品以沱茶及饼茶居多。级别高的芽多，级别低的叶多梗多。

地理环境

在我国，普洱茶主要生产在云南的南糯山、南峤山、勐宋山、景迈山、布朗山、巴达山、勐海山、倚邦山、邦崴山、易武山、班章山、基诺山等地。普洱茶有台地茶和古树茶之分。台地茶是人工培育茶，被成片种植在山上台阶式的梯田中，所以被茶农称为“台

地茶”。而古树茶则是自然生长在原始森林中，东一棵西一棵，无人管理，树龄大都在百年以上。云南普洱茶原生态古树茶生长在海拔1600米以上的高山上，最高海拔达1900米，平均海拔1700米。这些高山地处亚热带高原季风气候带，冬无严寒，夏无酷暑，一年只有旱湿雨季之分，雨量充沛，土地肥沃，有利于茶树的生长和养分的积累。

品质特征

普洱茶生茶茶性较烈，刺激。新制或陈放不久的生茶有强烈的苦味，汤色较浅或黄绿，生茶经长久储藏叶子颜色会渐渐变深，香味越来越醇厚。熟茶具有温和的茶性，滋味丝滑柔顺，醇香浓郁，同样熟普洱茶的香味也会随着陈化的时间而变得越来越柔顺、浓郁。

古树茶的特点：茶叶相对肥厚，也有呈椭圆形的，叶片柔韧，颜色比较均匀，叶片上毫毛明显，依山头不同也有不同的形状。外形条索粗壮，显毫，色泽油亮。不同年份的古树茶汤色有不同的变化，新茶汤色清亮，存放过程中逐步发生变化，存放3年的老古树茶汤色已呈黄亮，油亮，且茶汤稠而厚。古树茶的香气下沉，暗香突出，新茶明香更显，1~4年的香型总体呈花蜜香型，兰香感明显，且杯底留香。古树茶的茶气足，茶汤口感饱满，生津快，回甘长，很有厚度和刚度，入口即能明显感觉到茶汤的劲度和力度，苦涩味化得快，至舌底、喉部时，已明显转化为甘味。

品茗指南

茶具：冲泡普洱茶可用盖碗冲泡，也可用茶壶冲泡、闷泡，或用铁壶煮茶。

用水：纯净水、矿泉水和山泉水为佳。煮水时不宜过度沸腾，过度沸腾的水含氧气过少，会影响茶叶的活性。通常用100 ℃沸水，至少不能低于90 ℃。

温杯：用开水把准备好的干净的盖碗再冲淋一次，一方面为了卫生，同时也是给茶具加温。

投茶：把要冲泡的普洱茶投入盖碗中。投茶量或者说茶与水的比例关系对整泡茶的影响很大，100毫升左右的盖碗推荐投茶5克左右为宜。

洗茶润茶：注入开水到投入茶叶的盖碗中，注水时，水流要平和、稳定，不要使茶叶猛烈翻腾，以免茶叶提前被冲淡。洗茶一到两次，让茶叶充分地苏醒、伸展开来。

泡茶：普洱茶泡两分钟左右就可出汤，把茶汤倒入品杯里（茶汤过滤出来，茶叶留在杯底），等下次需要喝茶的时候，再加开水，泡1分钟左右茶就出汤，并立即把茶汤过滤出来，切记茶叶不能泡在茶汤里面。一颗小沱茶可冲泡5~8次。

陈青丽　摄

分杯：把通过滤网冲泡好的茶汤分杯到品杯当中供大家分享，注意品杯要倒七分满，中国茶道的礼仪认为“酒满敬人，茶满欺人”。

品茶：三口为品，意思就是要小口慢慢喝。烫的话，薄薄地吸品杯最表面的一层茶汤，一杯普洱茶中表面的一层温度最低。

黄山毛峰

沈洪玲　摄

黄山毛峰属于绿茶，产于安徽省黄山（徽州）一带，所以又称徽茶，由清代光绪年间谢裕大茶庄所创制。据《中国名茶志》引《徽州府志》载："黄山产茶始于宋之嘉祐，兴于明之隆庆。"又载："明朝名茶：……黄山云雾：产于徽州黄山。"说明黄山茶在明代就很有名了。日本荣西禅师著《吃茶养生记》云："黄山茶养生之仙药也，延年之妙术也。"由于新制茶叶白毫披身，芽尖锋芒，且鲜叶采自黄山高峰，遂将该茶取名为黄山毛峰。黄山毛峰分特级一等、特级二等、特级三等和一、二、三级六个等级。

地理环境

黄山毛峰生长在黄山风景区和毗邻的汤口、充川、岗村、芳村、扬村、长潭等地。黄山风景区内海拔700~800米的桃花峰、紫云峰、云谷寺、松谷庵、吊桥庵、慈光阁一带为特级黄山毛峰的主产地。

沈洪玲　摄

黄山毛峰的产区位于亚热带和温带的过渡地带，地质地貌、物种、矿藏、水文、气候等复杂多样，神秘现象也比较集中，自然和人文景观密集。该地区降水相对比较丰沛，植物茂盛，山高谷深，溪多泉清，湿度大，岩峭坡陡，能蔽日，林木葱茏，水土好。这样的自然条件很适合茶树生长，因而所产茶叶叶肥汁多，经久耐泡。加上黄山遍生兰花，采茶之际正值山花烂漫，花香的熏染使黄山茶叶格外清香，独具风味。

品质特征

黄山毛峰茶外形细嫩稍卷曲，芽肥壮、匀齐，有锋毫，形状有点像雀舌，叶呈金黄色。黄山毛峰干茶叶芽的芽锋显露，芽毫多者为上品，芽锋藏匿、芽毫少者质差。黄山毛峰的特点用八个字概括就是：香高、味醇、汤清、色润。香高：香气清鲜，闻之香气持久，似白兰。味醇：滋味鲜爽回甘。汤清：汤色清澈、杏黄、明亮。色润：色泽嫩绿油润、叶底嫩绿明亮。

品茗指南

黄山毛峰的冲泡用玻璃杯或白瓷茶杯均可，一般可续水冲泡2~3次。

冲泡黄山毛峰要注意以下几点：

比例：茶与水的重量比为1∶80。常用的白瓷杯，每杯可放茶叶3克；一般玻璃杯，每杯可放2克。

水温：应用90 ℃左右的开水冲泡，这样能使茶水翠绿明亮，香气纯正、滋味甘醇。

时间：一般为3~10分钟。将黄山毛峰放入杯中后，先倒入少量开水，以浸没茶叶为度，加盖3分钟左右，再加入开水至七八成满便可趁热饮用。水温高、茶叶嫩、茶量多，则冲泡时间可短些；反之，时间应长些。

次数：一般3~4次就好了。俗话说："头道水，二道茶，三道四道赶快爬。"意思是说头道冲泡出来的茶水不是最好的，喝第二道正好，喝到三道、四道水就可以了。饮茶时，一般杯中茶水剩1/3时，就应该加入开水，这样能维持茶汤的适当浓度。

武夷岩茶

武夷岩茶是中国传统名茶，是具有岩韵（岩骨花香）品质特征的乌龙茶。它产于福建闽北“奇秀甲于东南”的武夷山一带，茶树生长在岩缝之中。武夷岩茶具有绿茶之清香，红茶之甘醇，是中国乌龙茶之极品。武夷岩茶属半发酵的青茶，制作方法介于绿茶与红茶之间。最著名的武夷岩茶是大红袍。

地理环境

武夷岩茶名岩产区为武夷山市风景区范围，即东至崇阳溪，南至南星公路，西至高星公路，北至黄柏溪的景区范围。武夷岩茶丹岩产区为武夷岩茶原产地域范围内除名岩产区的其他地区。

武夷山坐落在福建武夷山脉北段东南麓，有“奇秀甲于东南”之誉。这里群峰相连，峡谷纵横，九曲溪萦回其间，气候温和，冬暖夏凉，雨量充沛，年降雨量2000毫米左右。这里地质上属于典型的丹霞地貌，多悬崖绝壁。茶农利用岩凹、石隙、石缝，沿边砌筑石岸种茶，有“盆栽式”茶园之称。武夷山的中心地带，盘卧着一条高低起伏的深长峡谷，谷底两侧的九座危峰，分南北对峙骈列。

谷中松柏成林，竹海连绵，谷底成行成列的茶树娇翠欲滴。茶树倚山岩而植，是为岩茶。武夷岩茶的茶园几乎都在“九龙窠”的岩壑幽涧之中，借谷底冬暖夏凉、雨量充沛的条件，特别是这里的土壤属于岩石风化后形成的酸性土壤，孕育出了岩茶的独特韵味。

品质特征

董小军 摄

武夷岩茶有明显的岩骨花香。武夷岩茶因产茶地点不同，又分有正岩茶、半岩茶、洲茶。主要品种有武夷水仙、武夷奇种、大红袍、白鸡冠、铁罗汉、水金龟等，此外，还有瓜子金、金钥匙、半天腰等品种。

武夷岩茶的外形呈弯条形，色泽乌褐或带墨绿，或带砂绿，或带青褐，或带宝色。条索紧结，或细紧或壮结，汤色橙黄至金黄、清澈明亮。带花、果等香气，锐则浓长，清则幽远，或似水蜜桃香、兰花香、桂花香、乳香等。武夷岩茶的滋味醇厚、滑润甘爽，带特有的“岩韵”。叶底软亮，呈绿叶红镶边，或叶缘红点泛现。

品茗指南

武夷岩茶的冲泡别具一格，“杯小如胡桃，壶小如香橼，每斟无一两，上口不忍遂咽，先嗅其香，再试其味，徐徐咀嚼而体贴之”。开汤第二泡香才显露。茶汤的香气自口吸入，从咽喉经鼻孔呼出，连续三次，所谓“三口气”，即可鉴别岩茶上品的香气。更有上者“七泡有余香”。

冲泡方法

沈洪玲　摄

正确的冲泡和品饮才能充分发挥出岩茶风韵和每泡茶的特征，领略茶中真谛，体会茶的无穷乐趣。

茶具：准备乌龙茶专用茶具一套（冲泡壶宜选用90~150毫升的紫砂壶或三才杯）。

茶量：为冲泡壶具容积的1/2左右（1/3~2/3）。茶水需淡些则投茶量少些，为冲泡壶具容积的1/3~1/2；需浓些则投茶量多些，为冲泡壶具容积的1/2~2/3。

用水：以山泉水为上，洁净的河水和纯净水为中，硬度大或氯气明显的自来水不可用；水以刚刚烧开为宜；水温低于95 ℃或长时间连续烧开的水都略逊。

时间：1~3泡，每泡浸泡10~20秒，以后每加冲一泡，浸泡时间增加10~20秒。浸泡时间的调整原则为使1~7泡的汤色基本一致，且可使茶冲泡十余泡。

品茶：武夷岩茶滋味醇厚，内涵丰富，有特殊的“岩韵”。

都匀毛尖

都匀毛尖，又名“白毛尖”“细毛尖”“鱼钩茶”“雀舌茶”，是贵州三大名茶之一，产于贵州省都匀市。都匀毛尖品质优佳，形可与太湖碧螺春并提，质能同信阳毛尖媲美，在国内外市场享有盛誉。都匀毛尖有着悠久的历史，成名也较早，据史料记载，早在明代，毛尖茶中的鱼钩茶、雀舌茶便是皇室贡品，到清代乾隆年间，已开始行销海外。都匀毛尖曾在1915年获巴拿马茶叶赛会优质奖，在1982年被评为中国十大名茶之一。

地理环境

沈洪玲　摄

都匀毛尖主要产地在都匀市的团山、哨脚、大槽一带，这里山谷起伏，海拔千米，峡谷溪流密布，林木苍郁，云雾笼罩，冬无严寒，夏无酷暑，四季宜人，属亚热带季风性湿润气候，降雨充沛，雨热同

季。年平均气温为16 ℃，年平均降水量为1400多毫米。加之土层深厚，土壤疏松湿润，土质呈酸性或微酸性，内含大量的铁质和磷酸盐，这些特殊的自然条件不仅适宜茶树的生长，而且也形成了都匀毛尖的独特风格。

品质特征

都匀毛尖采用清明前后数天内刚长出的一叶或二叶未展开的叶片，叶片细小短薄、嫩绿匀齐。采摘标准为一芽一叶初展，长度不超过2厘米。通常炒制500克高级都匀毛尖茶约需5.3万~5.6万个芽头。都匀毛尖茶选用当地的苔茶良种，具有发芽早、芽叶肥壮、茸毛多、持嫩性强的特性，内含成分丰富。都匀毛尖有“三绿透黄”的特点，即干茶色泽绿中带黄，汤色绿中透黄，叶底绿中显黄。成品都匀毛尖色泽翠绿、外形匀整、白毫显露、条索卷曲、香气清嫩、滋味鲜浓、回味甘甜、汤色清澈、叶底明亮、芽头肥壮。

品茗指南

茶具：冲泡都匀毛尖茶一般用玻璃杯或白瓷盖碗。用玻璃杯冲泡可观察到茶在水中缓缓舒展、游动、变幻。盖碗保温性较好，好的白瓷，可充分衬托出茶汤的嫩绿明亮，且盖碗比较雅致，手感触觉是玻璃杯无法可比的。要特别说明的是，用盖碗泡绿茶，除了出汤的时候，其他时间是不能盖盖子的，因为这样会闷熟茶叶，影响汤色和口感。

用水：一般来说，冲泡都匀毛尖以矿泉水或山泉水为佳，一般家庭使用滤水器过滤后的水也可用。都匀毛尖茶适合用水温为90 ℃

左右的开水冲泡，烧水要大火急沸，刚煮沸起泡为宜，然后再冷却至所需温度。

用量：茶叶用量并没有统一标准，视茶具大小、茶叶种类和各人喜好而定。一般来说，冲泡都匀毛尖，茶与水的比例大致是1：50~1：60。比如150毫升的水一般冲泡3克茶叶。

冲泡：烫杯后，取茶入杯。此时较高的杯温已隐隐烘出茶香。沿杯壁注入适温的水，至杯容量1/3（也可少一些，但需覆盖茶叶）。然后微微摇晃茶杯，使茶叶充分浸润。此时茶香高郁，是闻香最好的时间。稍停约两分钟，待干茶吸水伸展，再沿杯壁注入适温的水几乎至满。此时茶叶或徘徊飘舞，或游移于沉浮之间，别具茶趣，可开始品饮。待茶汤还剩1/3左右时，再续入适温、适量的水，接着品饮。都匀毛尖一般可冲泡3~4次。

史云霞　摄

为了能够帮助读者更加准确地理解图书内容，本书在编写过程中引用了大量图片，在此向所有图片的提供者表示感谢。编者和出版社已通过各种途径获得了部分图片原创者的授权，但仍有部分图片与其原创者无法取得联系。我们真诚地感谢每一位原创者，对尚未取得联系的原创者致以深深的歉意。希望得知本书出版的图片原创者及时与我们联系，我们将合理解决图片的使用问题。

更多精彩视频请扫描二维码观看